家宴
必上之菜

段晓猛◎编著

JIAYANBISHANGZHICAI

简易 美味 营养 健康 让你"厨"类拔萃 "食"来运转

中国建材工业出版社

图书在版编目（CIP）数据

家宴必上之菜/ 段晓猛编著. -- 北京 ：中国建材
工业出版社，2016.5（2023.3重印）
（小菜一碟系列丛书）
ISBN 978-7-5160-1405-9

I. ①家… II. ①段… III. ①家宴－菜谱 IV.
①TS972.12

中国版本图书馆CIP数据核字（2016）第047429号

家宴必上之菜

段晓猛　编著

出版发行：中国建材工业出版社
地　　址：北京市海淀区三里河路11号
邮　　编：100044
经　　销：全国各地新华书店
印　　刷：大厂回族自治县益利印刷有限公司
开　　本：720mm×1000mm　1/16
印　　张：10
字　　数：157千字
版　　次：2016年5月第1版
印　　次：2023年3月第2次印刷
定　　价：32.80元

本社网址：www.jccbs.com.cn　微信公众号：zgjcgycbs

前言 PREFACE

中国有句古话叫"民以食为天"，而国人又尤其喜欢聚餐。邀请亲戚朋友到家里做客，在家设宴，把生活中的快乐和家人、亲朋一起分享，远比在酒店吃饭有意义。再则，随着人们生活水平的提高，大众的日常饮食已不再停留在单纯的吃饱、吃好上，其饮食理念已发生了质的飞跃——人们在追求美味的同时，更注重吃出品位、吃出美味、吃出健康。

本书与时代同步，精选了300道时尚精美的家宴菜。选择本书，就如同把酒店大厨请到家，按照本书介绍的方法烹饪，即便您厨艺不精，也能在家轻松做出高档菜肴，丰盛、体面地打造出一个活色生香的家庭宴会。

contents 目录

Part 1 凉菜篇

Part 2　当家菜篇

Part 3　热菜篇

Part 4 汤煲篇

Part 5　主食篇

Part 6　甜品篇

Part 1 凉菜篇

🍲 原料

苦瓜250克，菠萝150克。

🍴 调料

黄芥末粉1茶匙，橄榄油2大匙，盐、柠檬汁、蜂蜜、子姜片各1大匙。

🥄 制作方法

1. 苦瓜切薄片，放入95℃的热水中焯烫1分钟，捞出用冰水冲凉。
2. 菠萝切片，调味料调匀，苦瓜片、菠萝片、子姜片拌入调味料，拌匀即可。

菠萝拌苦瓜

小提示

菠萝拌苦瓜
● 具有消除水肿、助消化、促进食欲、美容的功效。

蛋黄酿苦瓜
● 具有清热益气、美容肌肤的功效。

🍲 原料

苦瓜300克，熟咸蛋黄6个。

🍴 调料

白糖、鸡精、淀粉各适量。

🥄 制作方法

1. 苦瓜洗净，切去头尾（留用），去瓤除籽，入沸水中焯3分钟，捞出晾凉，沥干水分。
2. 熟咸蛋黄碾碎，加入白糖、鸡精、淀粉搅拌成馅，将馅料酿入苦瓜内，把苦瓜的头尾放回原位，用牙签固定好。
3. 将苦瓜送入烧开的蒸锅，中火蒸5分钟，取出晾凉，切片装盘即可。

蛋黄酿苦瓜

🐷 原料

苦瓜500克，蒜20克。

🎋 调料

食盐、香油各适量。

🍲 制作方法

① 苦瓜洗净切小片，放到盘里撒上盐，让苦瓜出"汗"，蒜去皮拍成泥。
② 苦瓜沥出腌出来的水，把蒜泥放上去，撒上香油拌匀即可。

蒜香苦瓜

小提示

蒜香苦瓜
● 具有美容、明目、养心、降糖降血脂、补钙的功效。

凉拌丝瓜尖
● 具有清暑凉血、解毒通便、祛风化痰、润肌美容的功效。

🐷 原料

丝瓜尖200克。

🎋 调料

油、盐、醋、生抽、蒜瓣、红椒丝适量。

🍲 制作方法

① 丝瓜尖掐去老梗，洗净切段。
② 水开后加入少量油和盐，下丝瓜尖焯烫2分钟，捞出后过凉水，加入适量醋、生抽和盐。
③ 蒜瓣切碎，热锅凉油炒出香味，用勺子淋在拌好的丝瓜尖上，放上红椒丝即可。

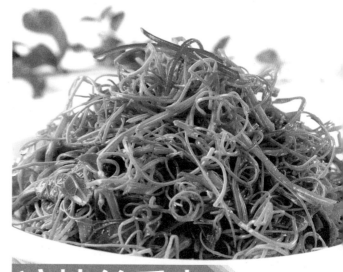

凉拌丝瓜尖

双椒蛋丝

🍲 原料

红柿子椒、青柿子椒各100克，水发木耳10克，鸡蛋2个。

🍴 调料

盐、鸡精、辣椒油、香油各适量。

🥘 制作方法

1. 双椒洗净，去蒂除籽，切片；水发木耳入沸水中焯透，捞出晾凉，切丝；鸡蛋磕入碗内，打散，用不粘锅煎成蛋皮，切条。

2. 取盘，放入红柿子椒片、青柿子椒片、木耳丝和蛋皮片，用盐、鸡精、辣椒油和香油调味即可。

小提示

双椒蛋丝
● 具有健脑益智、美容护肤的功效。

🐨 原料

鸡蛋2个，肉末、韭菜各100克。

🍴 调料

油、盐各适量。

🥄 制作方法

① 鸡蛋打散，放入一点点盐，搅匀。烧热平底锅，倒入少量蛋液，均匀地摊成薄饼备用。

② 韭菜洗净切碎，放入事先备好的肉末、盐、适量的花生油拌匀。

③ 把馅料摊入事先做好的蛋饼内，卷好。

④ 不粘锅小火烧热，放入卷好的卷儿，翻面煎至成熟即可。成熟后出锅，切段摆盘即可。

蛋皮韭菜卷

花生菠菜

🐨 原料

熟花生仁50克，菠菜300克。

🍴 调料

蒜末、盐、鸡精、香油各适量。

🥄 制作方法

① 熟花生仁去皮，碾碎；菠菜择洗干净，入沸水中焯30秒，捞出，晾凉，沥干水分，切段。

② 取盘，放入菠菜段，用蒜末、盐、鸡精和香油调味，撒上花生碎即可。

小提示

蛋皮韭菜卷
● 具有养肝护肝、减肥、补铁的功效。
花生菠菜
● 具有健脑益智、延缓衰老、保障营养、增进健康的功效。

爽口大拌菜

原料

圆生菜、穿心莲、西红柿、黄瓜、彩椒、紫甘蓝各50克。

调料

香油、蒜末、姜末、生抽、味精、盐、糖、醋各适量。

制作方法

1. 西红柿洗净备用，把其它菜用盐水浸泡后洗净控水，切条装盆，彩椒切条。
2. 放入生抽、醋、糖、盐、味精调成料汁，把姜蒜末一并泡入混合均匀。
3. 把料汁拌入菜中，加少量香油，浇在拌好的菜上，装碗即可。

小提示

爽口大拌菜
● 具有消脂减肥、驱寒利尿的功效。

老醋海蜇头
● 具有清热化痰、消积化滞、润肠通便的功效。

老醋海蜇头

原料

海蜇头300克，胡萝卜100克，大蒜40克。

调料

老醋适量，白糖、鸡精、盐、香油少许。

制作方法

1. 将海蜇头洗去泥沙，放清水浸泡5～6小时，中间多换水，泡制好的海蜇头，洗干净后切成小片，装盘备用；胡萝卜去皮擦丝，大蒜切碎备用。
2. 锅中入沸水，将海蜇头焯一下，然后捞起盛入碗中，将海蜇头过几次凉水，放入碗中备用。
3. 将胡萝卜丝、大蒜放入碗中，加入白糖、鸡精、食盐调味，再加入适量的老醋，滴几滴香油，拌匀即可。

🍲 原料

芥蓝150克，黄豆150克。

🍴 调料

姜、葱、蒜、干辣椒、花椒、香油、蚝油、糖、盐、鸡精、植物油各适量。

🍳 制作方法

① 黄豆提前一晚浸泡至涨大，上锅煮15分钟至熟透，芥蓝入沸水中氽烫，过凉水沥干，将芥蓝切成丁，葱、姜、蒜、干辣椒切末。

② 锅倒少许油，小火煸香葱、姜、蒜末和花椒，捞出扔掉；将干辣椒倒入略炒，再下入芥蓝、黄豆，放入所有调料拌匀即可。

芥蓝拌黄豆

小提示

芥蓝拌黄豆
● 具有预防心脏病、美白护肤、降低血脂的功效。

腐皮菠菜卷
● 具有美容、抗衰老、润肠、补血、促发育的功效。

🍲 原料

菠菜300克，豆腐皮300克，胡萝卜1根，鸡蛋1个。

🍴 调料

食盐3克，味精、白糖、香油各适量。

🍳 制作方法

① 将豆腐皮放在水中浸泡10～15分钟，取出控干水分，菠菜氽水后过凉水，取出控水切段，胡萝卜切丝，氽水冲凉。

② 将菠菜、胡萝卜丝控水后加入盐、白糖、味精、香油拌匀备用。

③ 将拌好的原料卷入豆腐皮中，制成卷，边上抹鸡蛋液粘好，上屉蒸约5分钟，然后取出切段即可。

腐皮菠菜卷

海蜇拌萝卜丝

🦪 原料

海蜇皮100克，胡萝卜250克。

🥄 调料

葱花、香菜碎、蒜末、盐、酱油、醋、白糖、鸡精、辣椒油、香油各适量。

🍶 制作方法

1️⃣ 海蜇皮放入清水中浸泡去盐分，洗净，切丝；胡萝卜择洗干净，切丝。

2️⃣ 放入海蜇丝和胡萝卜丝，用葱花、香菜碎、蒜末、盐、酱油、醋、白糖、鸡精、辣椒油和香油调味即可。

红油海蜇

🦪 原料

海蜇皮250克，黄瓜100克，红椒100克。

🥄 调料

葱花、香菜碎、蒜末、酱油、醋、白糖、鸡精、辣椒油、香油各适量。

🍶 制作方法

1️⃣ 海蜇皮放入清水中浸泡去盐分，洗净，切丝；黄瓜、红椒洗净，去蒂，切丝。

2️⃣ 取盘，放入海蜇丝、红椒丝和黄瓜丝，用葱花、香菜碎、蒜末、酱油、醋、白糖、鸡精、辣椒油、香油调味即可。

小提示

海蜇拌萝卜丝
● 具有清热化痰、润肠通便的功效。
红油海蜇
● 具有清热化痰、行淤化积的功效。

🐷 原料

蛤蜊200克，菠菜500克。

🍴 调料

醋、姜末、蒜末、糖、盐、香油各适量。

🍲 制作方法

1. 菠菜用水焯过，过凉水后沥干水分切段。
2. 蛤蜊煮熟后取其肉，加蒜末、姜末、醋、糖、盐、香油搅拌均匀，再加菠菜段搅拌均匀即可。

蛤蜊菠菜

葱拌鸡丝

🐷 原料

鸡胸肉500克。

🍴 调料

大葱25克，红椒20克，辣椒粉、盐、味精、花椒、植物油各少许。

🍲 制作方法

1. 鸡胸肉入沸水煮至熟透，取出控水放凉，用手撕成细丝，大葱、红椒切丝，放在刚才撕好的鸡丝上。
2. 锅入油加热，入花椒炸香，淋在葱丝、红椒丝和辣椒粉上炸出香气，再放少许食盐、味精拌匀，即可。

小提示

蛤蜊菠菜
● 具有滋阴生津、软坚散结、抗衰老的功效。
葱拌鸡丝
● 具有缓解疲劳、降胆固醇、提高免疫力的功效。

😋 原料

烤鸭肉300克，芹菜100克。

🍴 调料

红柿子椒、蒜末、盐、鸡精、香油各适量。

🥄 制作方法

① 烤鸭肉撕丝，芹菜入沸水中焯2分钟，捞出晾凉切段，红柿子椒切圈。

② 取盘，放入烤鸭丝、芹菜段、红柿子椒圈，用蒜末、盐、鸡精和香油调味即可。

芹菜拌烤鸭丝

小提示

芹菜拌烤鸭丝
● 具有平肝降压、清热解毒的功效。

凉拌蕨菜
● 具有清热解毒、降低血压的功效。

😋 原料

蕨菜300克。

🍴 调料

胡萝卜丝、蒜泥、姜末、盐、味精、酱油、醋、胡椒粉、葱花、香菜叶各适量。

🥄 制作方法

① 蕨菜洗净，用沸水氽熟，用手撕成两半，切成2厘米长的段。

② 加胡萝卜丝、蒜泥、姜末、盐、味精、酱油、醋、胡椒粉、香菜叶和葱花拌匀即可。

凉拌蕨菜

🍲 原料

金针菇150克，豆皮30克，红椒10克。

🍴 调料

生抽、醋、辣油、麻油、盐各适量。

🥄 制作方法

① 金针菇切去尾部，豆皮切丝，红椒切丝。

② 煮锅水，烧开后放入金针菇、豆皮过水约15秒，即捞起沥水。

③ 拌碗内放入生抽、盐、醋、辣油、麻油拌匀，放入金针菇、红椒丝和豆皮拌匀即可。

酸辣金针菇

小提示

酸辣金针菇
● 具有降血脂、抗疲劳、预防过敏的功效。

凉拌羊肚丝
● 具有健脾补虚、益气健胃、固表止汗的功效。

🍲 原料

熟羊肚200克，胡萝卜60克，尖椒50克。

🍴 调料

油、盐、醋、蒜、酱油、香菜各适量。

🥄 制作方法

① 羊肚切丝，胡萝卜、尖椒切丝，蒜、香菜切末。

② 锅中加一点油及蒜将羊肚煸一下，然后浇点醋喷出醋香味，将肚丝盛到盘里，晾凉。

③ 将切好的香菜、蒜末、盐、酱油加入，拌匀放10分钟左右，装盘即可。

凉拌羊肚丝

鸡丝凉粉

🍲 原料

鸡胸肉200克，绿豆凉粉100克，蒜末20克。

🍴 调料

辣椒油、醋、盐、白胡椒粉、香油、香菜各适量。

🍳 制作方法

1. 鸡胸肉洗净，入沸水中煮熟，捞出，晾凉，撕成丝；绿豆凉粉切条。
2. 取盘，放入鸡丝、蒜末和切好的凉粉，用辣椒油、醋、盐、白胡椒粉、香油调味，撒上香菜即可。

香椿芽拌鸡丝

🍲 原料

鸡胸脯肉250克，香椿25克，鸡蛋清30克，红椒丝10克。

🍴 调料

熟花生油30克，香油5克，精盐2克，味精、白砂糖各1克，料酒、水淀粉各5克。

🍳 制作方法

1. 将鸡脯肉切成片，再切成粗丝，放入碗内，加入料酒、蛋清、水淀粉拌匀上浆，用沸水滑开，捞出沥干，放入碗内。
2. 将香椿头放入冷开水中浸泡，去除咸味，切成段，香椿、红椒丝放入鸡丝碗内，加入熟花生油、精盐、味精、白糖、香油拌匀，装盘即可。

> **小提示**
>
> 鸡丝凉粉
> ● 具有充饥解渴、去燥消暑的功效。
> 香椿芽拌鸡丝
> ● 具有清热解毒、健胃理气的功效。

🦪 原料

泡好的黑木耳200克，洋葱、红椒各100克。

🍴 调料

干辣椒、盐、生抽、醋、油、花椒、香菜各适量。

🥄 制作方法

1. 洋葱、红椒洗净切丝；木耳过滚水焯一下。
2. 盐、生抽、醋兑匀。
3. 把干辣椒剪碎，和花椒一同放入勺子，加入油，放火上至出椒香味。
4. 把木耳、洋葱、红椒和第二步调好的料汁搅匀，倒入煸香的油，撒上香菜，翻均匀即可。

洋葱拌木耳

泡椒凤爪

🦪 原料

鸡爪300克，瓶装泡椒150克。

🍴 调料

盐、鸡精各适量。

🥄 制作方法

1. 鸡爪剁去爪尖，洗净，入沸水中氽去血水，放入另一沸水锅中煮熟，捞出，晾凉，放入大碗内。
2. 锅中加入泡椒、盐、鸡精、凉开水，加盖密封，放入冰箱冷藏24小时以上，取出食用即可。

小提示

洋葱拌木耳
● 具有补气血、减肥、防治便秘、清肠胃的功效。

泡椒凤爪
● 具有健脾养脾、补阳壮阳、补血养血、提高免疫力的功效。

原料

熟牛百叶250克,香葱10克。

调料

姜片、酱油、辣椒油、香油、鸡精、白芝麻各适量。

制作方法

1. 熟牛百叶切丝,香葱洗净切段。
2. 取盘,放入百叶丝、葱段、姜片,用酱油、辣椒油、鸡精、香油调味,撒上白芝麻即可。

红油百叶

小提示

红油百叶
● 具有健脾养脾、补血养血、补气益气的功效。

花生仁拌肚丁
● 具有促进生长发育、健脑益智、延缓衰老的功效。

原料

熟猪肚300克,熟花生仁100克,黄瓜30克。

调料

辣椒油、酱油、白糖、盐、香油、花椒粉、鸡精、植物油各适量。

制作方法

1. 熟猪肚切丁,花生仁挑去杂质,用植物油炒熟,黄瓜切段。
2. 将肚丁、熟花生仁、黄瓜段、酱油、辣椒油、白糖、盐、鸡精、花椒粉、香油一同放入盘中,拌匀即可。

花生仁拌肚丁

🐷 原料

牛肉500克，酥花生米碎20克。

🍴 调料

葱花、姜片、酱油、甜面酱、香油各适量。

🍶 制作方法

① 汤锅置火上，加适量清水，放入牛肉、姜片大火煮沸，转小火煮至牛肉熟烂，捞出晾凉，顺着肉丝切薄片。装盘。

② 将香油、酱油、甜面酱入容器中搅拌均匀。淋在牛肉片上，撒上葱花和花生碎即可。

凉拌牛肉

小提示

凉拌牛肉
● 具有补脾胃、益气血、强筋骨、消水肿的功效。

拌肘花
● 具有补肾养血、滋阴润燥的功效。

🐷 原料

熟猪肘肉200克，黄瓜100克。

🍴 调料

香油、酱油、鸡精、芥末粉各适量。

🍶 制作方法

① 熟猪肘肉切片；黄瓜洗净切片。

② 黄瓜片摆盘内，上面摆上猪肘肉片，加酱油、香油、鸡精、芥末粉调味即可。

拌肘花

卤水口条

原料

猪舌300克。

调料

葱、姜、蒜、桂皮、八角、花椒、枸杞、干辣椒、盐、白糖各适量。

制作方法

1. 猪舌入开水锅煮10分钟，取出洗净，去除猪舌上的白膜，入开水焯水数分钟，洗净。
2. 锅中热油，放入花椒爆香后取出，放入白糖炒出糖色，下入猪舌上色取出，油里下入盐、葱、姜、蒜、八角、桂皮、花椒、枸杞、干红椒，爆香后同猪舌一起翻炒。
3. 加入沸水，盖上锅盖中火煮半小时左右，大火收汁，取出晾凉，切片装盘即可。

卤味千层耳

原料

生猪耳500克。

调料

酱油、料酒、上等豉油、冰糖、姜块、葱段、香油、大料、桂皮、陈皮、豆腐乳各适量。

制作方法

1. 将生猪耳洗净，放入沸水中汆烫，捞出洗净。将所有调料兑成卤汁，倒入锅中。
2. 锅置火上，放入生猪耳卤制40分钟，熄火浸泡，待汤汁稍凉，取出，将猪耳叠加后用重物压2小时，取下重物，切片盛盘即可。

> **小提示**
>
> 卤水口条
> ● 具有滋阴补阴、缓解疲劳的功效。
> 卤味千层耳
> ● 具有补肾虚、健脾的功效。

酱猪心

🐷 原料

猪心500克。

🍴 调料

葱段、姜片、料酒、桂皮、大料、盐、白糖、酱油、甜面酱各适量。

🍳 制作方法

1. 猪心剖开，去除淤血，洗净，入沸水中余透。
2. 汤锅放火上，放入余好的猪心，加适量水（没过猪心）大火煮开，撇去浮沫，加入料酒、葱段、姜片、桂皮、大料、盐、白糖、酱油和甜面酱。
3. 用小火煮至锅中汤汁将干，捞出晾凉，切片装盘即可。

白切小肘

🐷 原料

去骨猪前肘1个。

🍴 调料

大蒜、葱段、姜片、大料、桂皮、料酒、盐、白糖、醋、酱油、香油、鸡精各适量。

🍳 制作方法

1. 猪前肘洗净，除毛，刮去皮上的油腻，沥干水分，卷成肉卷，用棉线绳捆紧。
2. 锅置火上，倒入适量清水，放入肘子、大料、桂皮、葱段、姜片、料酒，大火烧沸后转小火煮至猪肘熟透，捞出沥干，晾凉，切片，装盘。
3. 大蒜捣成蒜泥，放在小碗里，加入盐、白糖、醋、酱油、鸡精、香油调成蒜酱，蘸蒜酱食用。

小提示

酱猪心
● 具有安神定惊、养心补血、补充心肌营养的功效。

白切小肘
● 具有和血脉、润肌肤、填肾精、健腰脚的功效。

辣拌菠菜

🥘 原料

菠菜400克，胡萝卜50克，花生米20克。

🍴 调料

盐、味精、辣椒油、酱油、香油各适量。

🍳 制作方法

① 将菠菜择洗干净，切成长段；胡萝卜去皮洗净，切成丝，备用。

② 炒锅上火入水烧沸，下入菠菜、胡萝卜焯水捞起，用清水冲凉，挤净水分，备用。

③ 将菠菜、胡萝卜、花生米倒入盛器内，调入辣椒油、香油、盐、味精、酱油拌匀，装盘即成。

小提示

辣拌菠菜
● 具有保障营养、增进健康、清洁皮肤、抗衰老的功效。

菠菜拌粉丝
● 具有通肠导便、促进新陈代谢的功效。

菠菜拌粉丝

🥘 原料

菠菜150克，粉丝50克，红椒10克。

🍴 调料

盐、味精、蒜泥、香油各适量。

🍳 制作方法

① 将粉丝泡至回软，切成段；菠菜用开水焯透过凉，待用；红椒切丝。

② 将菠菜倒入容器内，调入蒜泥、盐、味精拌匀，倒入粉丝、红椒丝，调入香油拌匀即成。

🐽 原料

菠菜100克，金针菇50克。

🍴 调料

盐3克，胡椒粉5克，鸡精、食用油各少许。

🥄 制作方法

1. 金针菇去根洗净，入沸水中焯烫10秒钟捞出，沥干水分；菠菜去头部，洗净，焯水30秒左右，捞出用凉开水降温并挤干水分。
2. 把金针菇和菠菜放入碗里，加入盐、鸡精、食用油和胡椒粉拌匀即可。

金针菇拌菠菜

小提示

金针菇拌菠菜
● 具有抗衰老、增强抗病能力、抗疲劳、降血脂的功效。
温拌海蜇头
● 具有清热化痰、消积化滞、润肠通便之功效。

🐽 原料

蜇头250克、黄瓜、红椒各20克。

🍴 调料

黄芥末粉25克，生抽50克，醋40克，麻油25克，葱花、白芝麻、味精少许。

🥄 制作方法

1. 黄芥末粉放碗内，用开水调成糊，加盖焖2小时后放入生抽、醋、味精、麻油，拌匀成芥末糊。黄瓜、红椒切片待用。
2. 将海蜇头洗净，用清水漂淡咸味，切成片，入沸水烫一下，沥干后入盘，放入黄瓜片、红椒片，浇上芥末糊，撒上葱花、白芝麻拌匀即可。

温拌海蜇头

醉泡海蟹

🦀 原料

海蟹200克。

🍴 调料

泡野山椒、干辣椒、白酒、料酒、姜片、葱段、盐、味精、白醋各适量。

🍲 制作方法

1. 锅置火上，放入泡野山椒、干辣椒、盐及适量清水，待熬出辣味时加白酒、白醋和味精调匀，离火晾凉，倒在容器中备用。
2. 海蟹洗净，将每只蟹剁成8块，蟹钳拍破，然后投入有葱段、姜片和料酒的沸水锅中氽至断生，捞出晾凉，控干水分，放在兑好的盐水中浸泡约5小时至入味即可。

姜汁鱿鱼丝

🦀 原料

鲜鱿鱼段300克，芹菜100克。

🍴 调料

姜、红尖椒、盐、醋、香油、胡椒粉、味精各适量。

🍲 制作方法

1. 鱿鱼洗净，切细丝；芹菜择洗干净，切段；姜去皮，捣成姜汁；红尖椒洗净，切段。
2. 芹菜放入沸水中迅速焯烫，捞出过凉，沥干水分，拌入少许盐、香油，盛盘。
3. 将鱿鱼丝放入沸水中烫至断生、发脆时捞出，加入红尖椒段、姜汁、盐、醋、胡椒粉、味精、香油，拌匀后放在芹菜上即可。

> **小提示**
> **醉泡海蟹**
> ● 具有滋阴养血、清热解毒的功效。
> **姜汁鱿鱼丝**
> ● 具有预防糖尿病、缓解疲劳的功效。

🦐 原料

鲜虾500克。

🍴 调料

葱段、姜片、盐、料酒、花椒各适量。

🍳 制作方法

1. 鲜虾剪须、腿，洗净备用。
2. 锅中倒入适量清水，放入所有调料，大火煮沸，撇浮沫后放入虾煮熟，捞出，晾凉。
3. 剩下的汤去掉葱段、姜片、花椒，冷却后将虾倒回原汤浸泡入味，食用时，将虾摆盘，淋上少许原汤即可。

盐水虾

🦐 原料

银鱼干100克，麻辣花生200克，青椒10克。

🍴 调料

植物油、盐、白糖各适量。

花生拌银鱼

🍳 制作方法

1. 锅内油8分热的时候，将小银鱼干放进去，中火炸两分钟捞出控油；待银鱼干降温至不烫手，再放进重新加热的油里，复炸2分钟左右捞出控油待凉，将青椒切段。
2. 将小银鱼与麻辣花生、青椒段、适量糖、盐拌匀，即可上桌。

小提示

盐水虾
- 具有增强人体免疫力、补肾壮阳的功效。

花生拌银鱼
- 具有润肺止咳、增强免疫力、健脑益智、延缓衰老的功效。

椒香炝鱼片

🦑 原料

净鱼肉300克、鸡蛋清1个，青、红椒各20克。

🍴 调料

花椒油、葱末、花椒、盐、味精、料酒、葱姜汁、色拉油、淀粉各适量。

🍲 制作方法

1. 净鱼肉切片，放入碗中，加料酒、葱姜汁、盐拌匀，腌渍入味，放入鸡蛋清和淀粉拌匀上浆，青、红椒切片。
2. 锅置火上，倒入色拉油烧热，下入上浆的鱼片滑散至断生，捞出沥油，装盘。
3. 炒锅重上火，放花椒油烧热，投入花椒、葱末炸香，出锅倒在鱼片上，加盐、味精、青红椒片拌匀，装盘即可。

小提示

椒香炝鱼片
● 具有益气健脾、利水消肿、清热解毒的功效。 ⬆

酱牛肉
● 具有增长肌肉、增加免疫力、补铁补血、抗衰老的功效。 ⬇

酱牛肉

🦑 原料

牛腿肉500克，山里红50克。

🍴 调料

姜片10克，葱段20克，花椒10粒，大料1个，小茴香、桂皮各少许，酱油50克，盐、白糖各适量。

🍲 制作方法

1. 牛腿肉洗净，顺丝切去筋膜，切成长方块；山里红洗净，备用。
2. 将牛肉块、山里红、葱段、姜片全部放入清水中，煮开，加入酱油、白糖、花椒、大料、小茴香、桂皮，约煮20分钟，改小火煮约2小时后加入盐，收汁后捞出，晾凉，切片即可。

原料

净牛肉500克。

调料

葱段、姜片各10克，料酒、酱油各5克，白糖、盐、花椒、八角、桂皮、肉蔻、小茴香各适量。

制作方法

1. 将净牛肉切成大块，下入沸水锅中焯水后捞出控干；把花椒、八角、桂皮、肉蔻、小茴香包起，制成调料包。
2. 锅置火上，加适量水，放入调料包，加入料酒、白糖、盐、酱油、葱段、姜片，烧沸后放入牛肉块，改为小火焖至牛肉熟烂，凉透后切片装盘。

五香牛肉

小提示

五香牛肉
● 具有抗衰老、补铁补血、提高机体抗病能力的功效。

蘸汁羊肉
● 具有温补脾胃、益血、补肝、明目的功效。

原料

精瘦羊肉500克。

调料

大蒜30克，盐、小磨香油各少许。

制作方法

1. 精瘦羊肉500克，洗净后放入锅内，加水上火煮熟，捞出沥干，待羊肉冷却后切片，将切好的肉码盘。
2. 大蒜捣碎，加冷开水做成蒜汁倒入小碗内，放盐少许并淋入小磨香油。

蘸汁羊肉

姜汁羊肉

🥘 原料

羊肉1000克。

🍴 调料

生姜100克，食盐30克，白醋30克，味精、八角、花椒、大葱、料酒、香油各适量。

🍲 制作方法

1. 羊肉1000克取掉筋膜，切成长片待用；大葱切成段，生姜100克洗净，去皮剁碎，配适量清汤，拌匀取姜汁。
2. 将羊肉块投入开水锅中，加食盐30克、八角、花椒、葱段、料酒，煮熟捞出，放凉后切成薄片，码盘。
3. 取一碗，倒入姜汁，加食盐、白醋、味精、香油和适量清汤兑成姜汁，均匀地浇在羊肉上即成。

香卤猪耳

🥘 原料

猪耳350克。

🍴 调料

卤水1000克。

🍲 制作方法

1. 猪耳朵洗净，入沸水锅中汆水，再入蒸锅中蒸熟。
2. 卤水烧开后放入猪耳朵，再次烧开后熄火，浸泡20分钟卤至入味。
3. 将猪耳朵趁热捞出，切成条状即可。

> **小提示**
>
> **姜汁羊肉**
> ● 具有温补脾胃、补肝明目的功效。
> **香卤猪耳**
> ● 具有补虚损、健脾胃的功效。

原料

熟猪肚250克，彩椒50克。

调料

葱花5克，盐4克，味精、白糖、辣椒红油、花椒油各适量。

制作方法

1. 将熟猪肚、彩椒均切成丝，备用。
2. 将原料倒入容器内，调入盐、味精、白糖、辣椒红油和花椒油拌匀，撒葱花，装盘即可。

红油肚丝

盐水猪肝

原料

鲜猪肝300克。

调料

葱段、姜片、料酒、芝麻油、花椒、盐、味精各适量。

制作方法

1. 猪肝正面切花刀，洗净，入沸水中汆烫熟，去血水，捞出沥干水分。
2. 锅置火上，倒入适量清水，放入猪肝、葱段、姜片、盐、花椒、料酒，煮至熟透，撇去浮沫，晾凉。
3. 捞出猪肝，抹去水分，刷上芝麻油，切片装盘，取少许原汤与味精调匀，淋于猪肝片上就可享用了。

小提示

红油肚丝
● 具有健脾胃、补气、补虚、补虚损的功效。
盐水猪肝
● 具有补肝、明目、养血、增强人体免疫力的功效。

葱拌猪头肉

🐷 原料

酱猪头肉300克，葱50克，香菜叶20克。

🍴 调料

酱油、醋各10克，辣椒油、味精、香油各适量。

🥄 制作方法

1. 将酱猪头肉切片；葱切丝。
2. 将猪头肉、葱丝、香菜叶放入容器内，调入酱油、味精、醋、香油、辣椒油拌匀装盘即成。

小提示

葱拌猪头肉
● 具有补虚、滋阴、养血、润燥的功效。

蒜泥肘子
● 具有和血脉、润肌肤、填肾精、健腰脚的功效。

蒜泥肘子

🐷 原料

猪肘子300克。

🍴 调料

蒜、生抽各适量。

🥄 制作方法

1. 把买来的猪肘焯过水，放入电压力锅内，煮至软烂，取出稍微放凉，剔去里面的大骨，把肉切小块，再切成薄片。
2. 把蒜切末，放入碗中，加入适量生抽，吃时用切好的肘子蘸食。

🐂 原料

牛肉、牛杂各300克，炸花生末30克，香菜叶适量。

🍴 调料

酱油、辣椒油、白酒、盐、花椒、大料、肉桂、花椒粉、味精各适量。

🍳 制作方法

1. 牛肉、牛杂放入锅中加水烧开，见肉呈红色，去浮沫，加花椒、大料、肉桂、盐、白酒、清水，大火烧30分钟，改小火煮1小时，捞出晾凉；香菜切段。
2. 舀出的卤水晾凉，加入辣椒油、酱油、花椒粉、味精调成调味汁。
3. 将牛肉、牛杂切片，摆盘，倒入调味汁，撒上炸花生末、香菜叶，拌匀即可。

夫妻肺片

小提示

夫妻肺片
● 具有补铁补血、抗衰老、养胃、明目、健脾、补肾的功效。
白斩鸡
● 具有温中益气、补虚填精、健脾胃、活血脉、强筋骨的功效。

🐂 原料

三黄鸡300克。

🍴 调料

姜末、葱花、蒜蓉、盐、白糖、鸡精、醋、芝麻油各适量。

🍳 制作方法

1. 将三黄鸡处理干净；锅中倒入适量水烧沸，放入整只鸡，转至小火烧煮30分钟至熟。
2. 将蒜蓉放入小碗中，加葱花、姜末、白糖、盐、鸡精、醋、芝麻油，用鸡汤将其调匀。
3. 将鸡剁成块，码盘，将调好的汁浇在上面即可。

白斩鸡

芥末鸭掌

🦆 原料

鸭掌200克。

🍴 调料

芥末酱15克，盐5克，醋、香油各适量。

🍳 制作方法

1. 开水将鸭掌煮15分钟左右，煮得白白嫩嫩的，捞出，用凉水反复冲凉。
2. 芥末酱中加入醋、盐、香油，调和均匀浇在鸭掌上，拌均匀即可。

棒棒鸡丝

🦆 原料

鸡胸脯肉300克、黄瓜100克。

🍴 调料

麻酱20克，辣椒油15克，醋、白糖各10克，花椒油少许，酱油30克，葱5克。

🍳 制作方法

1. 鸡胸脯肉洗净，放入清水锅中，置中火上煮约20分钟至熟，晾凉，沥干水分，将鸡肉用木棒轻打，肉质疏松后撕成丝；黄瓜洗净，去蒂切丝；葱切段。
2. 将黄瓜丝盛入盘中，上面放上鸡丝。
3. 将麻酱用醋调稀，倒入其他调料拌匀，浇在鸡丝上，撒上葱段即可。

> **小提示**
>
> 芥末鸭掌
> ● 具有益气补虚、滋阴补血的功效。
> 棒棒鸡丝
> ● 具有强身健体、增强免疫力的功效。

🍖 原料

三黄鸡500克。

🍴 调料

葱花、料酒、辣椒粉、葱末、蒜末、姜末、酱油、盐、糖、醋、植物油各适量。

🥄 制作方法

1. 三黄鸡洗净，斩成块。
2. 锅内放水，加入葱花、姜末、料酒烧开，放入鸡块煮10分钟；煮好的鸡捞出过凉，沥干水分，切成块，装盘。
3. 锅内倒植物油烧热，放入葱末、姜末、蒜末，爆炒出香味；加入辣椒粉中，沉淀后沥出，便是红油。
4. 将酱油、盐、糖、醋混合红油，搅拌均匀后，淋在鸡肉上面就可以了。

口水鸡

蒜泥白肉卷

🍖 原料

五花肉300g、黄瓜、胡萝卜各50克。

🍴 调料

葱段、姜片8克、生抽25毫升、辣椒油40毫升、白糖、香油少许。

🥄 制作方法

1. 五花肉切片，黄瓜和胡萝卜洗净切丝。
2. 锅中放入适量清水，加姜片，将肉片放入煮几分钟至发白捞出。胡萝卜丝下锅焯熟捞出。
3. 用煮好的肉片包裹黄瓜丝、胡萝卜丝和葱段做成卷摆盘；生抽、辣椒油、白糖和香油调成汁，淋在卷上即可。

小提示

口水鸡
- 具有温中益气、补虚填精、健脾胃、活血脉、强筋骨的功效。

蒜泥白肉卷
- 具有补肾养血、补充蛋白质、滋阴润燥的功效。

🍲 原料

西芹100克，腐竹50克。

🍴 调料

盐、味精、生抽、芝麻油各适量。

🫖 制作方法

1. 将腐竹切成菱形条，用温水浸泡，泡软后备用。
2. 将西芹洗净，切成均匀的菱形条，在沸水中焯一下，用凉水过凉后备用。
3. 将西芹和腐竹盛入盘中，加入盐、味精、生抽、芝麻油拌匀即可。

香芹腐竹

小提示

香芹腐竹
● 具有平肝清热、祛风利湿、除烦消肿、凉血止血的功效。

小芹菜拌豆芽
● 具有清热除烦、平肝、健胃、利水消肿的功效。

🍲 原料

芹菜150克，豆芽50克。

🍴 调料

油、盐、葱、醋、鸡精、蒸鱼豉油、红椒圈各适量。

🫖 制作方法

1. 豆芽洗净备用，芹菜洗净切段。
2. 先将芹菜入锅焯熟，捞起芹菜，再将豆芽入锅焯熟，一起放入碗中，加入鸡精、盐、醋、红椒圈和蒸鱼豉油。
3. 将葱切末，放入油锅中熬成葱油，浇在芹菜上，拌匀即可。

小芹菜拌豆芽

🐮 原料

花生200克。

🍴 调料

醋、生抽、白糖、盐、植物油各适量。

🥄 制作方法

1. 花生洗净，沥干水分。
2. 取小碗，加入醋、生抽、白糖、盐调成味汁。
3. 锅置火上，倒油烧至三成热，放入花生，用锅铲不停翻炒，至皮和瓤能脱离，盛出，晾凉，淋上调成的味汁即可。

老醋花生米

小提示

老醋花生米
● 具有润肺化痰、滋养调气、利水消肿的功效。

皮蛋豆腐
● 具有清热润燥、生津止渴、润肺、养阴止血的功效。

🐮 原料

南豆腐400克，松花蛋2个。

🍴 调料

葱花、盐、香油、辣椒油、味精各适量。

🥄 制作方法

1. 将南豆腐取出，控一控水，切大片撒入盐拌匀。
2. 松花蛋去壳，切成块。
3. 将松花蛋摆入盘中，上面摆上豆腐片，再撒上葱花，加香油、辣椒油、味精拌匀即可。

皮蛋豆腐

麻酱茄条

🦪 原料

茄子200克。

🍴 调料

盐、蒜、生抽、芝麻酱、芝麻香油各适量。

🥄 制作方法

1. 茄子洗净，切成条，放在蒸锅中隔水蒸五分钟，蒸熟的茄条盛出放盘中，将蒜剁成蓉，撒在茄子上。
2. 将芝麻酱放碗中，加入盐、生抽和香油搅拌均匀。将拌好的芝麻酱浇在茄子上。

老虎菜

🦪 原料

黄瓜150克，洋葱150克，尖椒、香菜各2克。

🍴 调料

盐、香油、味精各适量。

🥄 制作方法

1. 黄瓜、洋葱洗净，去蒂，切丝；尖辣椒洗净，去蒂除籽，切丝；香菜洗净，切段。
2. 将切好的食材装盘，倒入所有调料拌匀即可。

小提示

麻酱茄条
● 具有抗衰老、软化血管的功效。
老虎菜
● 具有生津止渴的功效。

蜜汁糖藕

🐻 原料

藕400克，糯米150克。

🍴 调料

白糖150克、蜂蜜3大匙、糖桂花30克。

🍳 制作方法

1. 藕去皮，洗净，将藕节一端切下，沥干。
2. 糯米淘洗干净，用水泡透4小时，加入白糖拌匀，灌入藕孔中，再将切下的藕节头放回原位，用牙签固定，上屉用大火蒸1小时左右，取出晾凉，去掉牙签和藕节头，切1厘米厚的片。
3. 锅中加适量水、白糖、蜂蜜、糖桂花烧开，撇净浮沫，放藕片，中火收至糖汁略浓即可。

香椿拌豆腐

🐻 原料

豆腐200克，鲜嫩香椿头50克，红椒5克。

🍴 调料

芝麻油、盐、味精各适量。

🍳 制作方法

1. 豆腐洗净，切丁，放入沸水锅中煮沸，捞出，沥干，放入盆内，加盐、味精，稍腌备用；红椒切丁。
2. 将香椿头洗净，放入开水中氽一下，捞出沥干，切成末与红椒丁撒在豆腐丁上，淋上芝麻油，加入适量盐和味精拌匀即可。

小提示

蜜汁糖藕
● 具有补脾肾、滋肾养肝、补髓益血的功效。

香椿拌豆腐
● 具有清热解毒、健胃理气、润肤明目、补益清热、养生的功效。

原料

苦瓜250克，鲜红辣椒20克。

调料

盐、辣椒油、香油、味精各适量。

制作方法

1. 苦瓜洗净，去两头，剖两半，去瓤、内膜及籽切片，放沸水中焯一下，捞出放凉开水中过凉，捞出沥干水分，盛盘；红辣椒洗净，去蒂除籽，切丝，放沸水中焯一下，捞出，备用。
2. 盐、辣椒油、香油、味精倒在一起，拌匀，浇在苦瓜上拌匀，撒上红辣椒丝即可。

香辣苦瓜

小提示

香辣苦瓜
● 具有清热消暑、养血益气、补肾健脾、滋肝明目的功效。

生拌紫甘蓝
● 具有抗衰老、维护皮肤健康、减肥的功效。

原料

紫甘蓝200克，红椒50克，香菜20克。

调料

姜末、蒜末各5克，盐3克，花椒油、味精、胡椒粉各适量。

制作方法

1. 紫甘蓝、红椒切细丝，香菜切段。
2. 把姜末、蒜末、胡椒粉、盐、花椒油、味精调成味汁。
3. 把调好的味汁均匀地浇入切好的菜丝上，拌匀即可。

生拌紫甘蓝

🐷 原料

紫甘蓝100克，彩椒80克，生菜120克，苦菊30克，白芝麻各3克。

🍴 调料

白糖、酱油、醋、盐、香油各适量。

🥄 制作方法

1. 将紫甘蓝、彩椒、苦菊、生菜分别洗净，紫甘蓝、彩椒、生菜分别切片。
2. 所有食材放一起，加盐、酱油、醋、白糖、香油拌匀，撒上白芝麻即可。

大拌菜

小提示

大拌菜
● 具有抗衰老、促进新陈代谢、生津止渴、健胃消食、清热解毒的功效。

蓑衣黄瓜
● 具有清热利水、生津止渴的功效。

🐷 原料

黄瓜250克。

🍴 调料

姜末、盐、白醋、白糖、干朝天椒、植物油各适量。

🥄 制作方法

1. 黄瓜切去两头，整根切出蓑衣花刀，加盐腌渍10分钟，挤去水分；朝天椒去蒂切丝，倒入植物油，炒香姜末，加朝天椒丝煸出红油，淋入适量水，用盐、白醋、白糖调味，大火烧沸转小火熬煮5分钟盛出，制成调味汁，冷却。
2. 取盘，放入切好的黄瓜，均匀地淋入调味汁，即可。

蓑衣黄瓜

Part **2** 当家菜篇

香酥鸡

🥘 原料

净仔鸡800克。

🍴 调料

葱段、姜片、料酒、酱油、花椒、桂皮、椒盐、大料、植物油各适量。

🍲 制作方法

1. 净仔鸡洗净，用料酒和酱油涂抹鸡身内外，将花椒、桂皮等料塞入鸡腹内，腌制入味。
2. 将仔鸡入烧开的蒸锅蒸至软烂，取出，去掉花椒、葱段、姜片、桂皮和大料。
3. 锅入油烧至五成热，放入仔鸡炸至金黄色，捞出沥油，摆入盘内，蘸椒盐食用即可。

三杯鸡

🥘 原料

三黄鸡800克。

🍴 调料

蒜头、葱花、姜片、料酒、胡椒粉、酱油、盐、植物油各适量。

🍲 制作方法

1. 将鸡洗净切大块，放入适量生姜、盐、料酒、胡椒粉、蒜头，拌匀稍腌制20分钟。
2. 支上油锅烧热，倒入浸好的鸡块、蒜头、姜片炸至金黄，滤掉多余的油；将所有炸过的鸡块、蒜头、姜片都倒入煲锅中，再倒入料酒、蒜头、酱油拌匀；大火烧开，关小火焖烧10分钟，改大火开盖收汁，撒上葱花即可。

小提示

香酥鸡
- 具有强身健体、提高免疫力、促进智力发育的功效。

三杯鸡
- 具有强身健体、和胃调中、祛除寒气、提高免疫力的功效。

红焖羊肉

🍖 原料

羊腿肉500克，胡萝卜适量。

🍴 调料

大蒜、姜片、料酒、香辣酱、干红辣椒、生抽、老抽、糖、盐、枸杞、八角、花椒、桂皮、植物油各适量。

🥄 制作方法

① 羊肉沥干水分切块，胡萝卜切大块。

② 锅内烧热油，放入大蒜和姜片爆香，然后倒入羊肉翻炒变色，入料酒、香辣酱、干红辣椒、姜片、生抽、老抽、糖、盐炒匀，把炒匀的羊肉转入炖锅，放入枸杞、八角、花椒、桂皮，加入开水，小火慢炖1小时候后加入胡萝卜。再接着炖1小时直到羊肉酥烂。

小提示

红焖羊肉

● 具有温补脾胃、温补肝肾、补血温经、补肝明目的功效。

原料

净仔鸡800克，干红辣椒25克。

调料

葱花、姜片、酱油、料酒、香油、花椒、酱油、白糖、盐、鸡精、熟芝麻、植物油各适量

制作方法

1. 仔鸡斩块，加酱油、料酒和香油抓匀，腌制20分钟；干红辣椒切段。
2. 锅内倒入植物油将鸡块炸熟，捞出沥油。
3. 将油烧热，放入葱花、姜片、花椒、干红辣椒段炒香，倒入鸡块翻炒，加酱油、白糖和清水，大火煮至有少量汤汁，用盐和鸡精调味，撒上熟芝麻即可。

辣子鸡

小提示

辣子鸡
● 具有强身健体、提高免疫力、补肾精、促进智力发育的功效。
麻辣兔块
● 具有补中益气、凉血解毒、清热止渴的功效。

原料

兔肉300克，香菜30克。

调料

葱花、麻椒、干红辣椒段、酱油、白糖、盐、鸡精、植物油各适量

制作方法

1. 兔肉洗净，切块，入沸水中汆透，捞出。
2. 锅入油烧至七成热，放入葱花、麻椒和干红辣椒段炒香。
3. 锅内再倒入汆好的兔块翻炒均匀，加酱油、白糖和适量清水，煮至兔肉熟烂、汤汁黏稠，用盐和鸡精调味，撒上香菜即可。

麻辣兔块

小土豆烧牛腩

🍲 原料

牛腩200克，小土豆150克，青、红椒各1个。

🍴 调料

白酒5克，姜10克，香料（八角、香叶、草果、桂皮）10克，豆豉20克，酱油15克，盐3克，冰糖1克。

🍳 制作方法

1. 牛腩切块入沸水中汆一下，土豆去皮切块，姜去皮拍散，青、红椒洗净切片。

2. 起油锅，烧热后放入土豆块炸几分钟，盛出；再起油锅放入姜爆锅，放入牛腩，烹点白酒，翻炒至肉变色。

3. 放入香料，炒出香味，然后加水，大火烧开，放入调料，转小火焖30分钟；放入土豆、青椒、红椒，大火烧5分钟收汁，出锅装盘，即可。

砂锅鸡煲

🍲 原料

土鸡腿450克，香菜各适量。

🍴 调料

酱油、料酒、白糖、香油、姜片、大蒜、干辣椒各适量。

🍳 制作方法

1. 鸡腿切块，入油锅炸至5成熟，捞起沥干，大蒜、红辣椒均切段备用。

2. 烧热油爆香姜片、大蒜，再放入辣椒、鸡块煸炒，再加入料酒、酱油、白糖及1大碗水一同烧约15分钟至鸡肉入味。

3. 砂锅加热后将烧好的鸡放入，放香菜提味，食用前滴入香油，用筷子翻动略拌即可。

> **小提示**
>
> **小土豆烧牛腩**
> ● 具有滋养脾胃、强健筋骨的功效。
> **砂锅鸡煲**
> ● 具有强身健体、提高免疫力的功效。

🍲 原料

牛里脊肉200克，豇豆、红尖椒各100克。

🍴 调料

蒜4瓣，食用油50克，姜、蒜末各5克、酱油10克，淀粉5克，小苏打3克，蚝油2茶匙，盐、料酒适量，鸡精少量。

🥘 制作方法

① 挑去牛肉的筋膜切片，加入淀粉、小苏打、盐、料酒、食用油拌匀腌制15分钟；豇豆切段，红尖椒切圈，大蒜去皮切末。

② 锅烧热，放入食用油，放入牛肉片炒变色，捞出沥干油；锅内留油，放入蒜末炒香，再放入豇豆段、红椒圈炒香。

③ 将牛肉倒入锅中，一起炒匀，加酱油、蚝油、鸡精、盐炒匀即可。

小炒黄牛肉

黑椒牛肉

🍲 原料

牛里脊肉250克。

🍴 调料

黑胡椒、洋葱、青蒜、红辣椒、姜、鸡蛋清、蚝油、盐、料酒、淀粉、酱油、植物油各适量。

🥘 制作方法

① 牛肉切薄片，用盐、料酒、蛋清抓几下备用；姜切片，洋葱、红辣椒、青蒜切段。

② 热锅下油，爆香姜片、洋葱、红辣椒、青蒜，放入牛肉略炒，再放蚝油、酱油、黑胡椒用大火快速拌炒，最后用淀粉勾芡即可出锅。

小提示

小炒黄牛肉
● 具有补中益气、滋养脾胃、强健筋骨、化痰息风、止渴止涎的功效。
黑椒牛肉
● 具有补中益气、滋养脾胃、强健筋骨、祛痰、健胃润肠的功效。

原料

羊肉300克。

调料

大葱、大蒜、香油、酱油、麻油、醋、盐、酒、花椒粉各适量。

制作方法

葱爆羊肉

1. 将羊腿肉去筋切片，葱切片，将葱片、香油、酱油、盐、酒、花椒粉、羊腿片拌和在碗里。
2. 用香油、麻油、大蒜炝锅烧至高热，将放在碗里的羊腿肉片、葱等材料倒入，用大火爆炒几下，再加少许麻油、醋起锅。

小提示

葱爆羊肉
● 具有温补脾胃、温补肝肾、益血、明目的功效。

牛肉卷
● 具有增加免疫力、补铁补血、抗衰老的功效。

原料

牛肉350克，马蹄100克，网油300克。

调料

葱、姜、精盐、味精、胡椒粉、五香粉、白糖、酱油、料酒、淀粉、花生油、碱、陈皮各适量。

制作方法

牛肉卷

1. 将牛肉剁泥，加入淀粉、水、白糖、精盐、碱、味精、酱油上劲，马蹄切成丁，葱、姜切末，陈皮压成末与胡椒粉、五香粉、料酒加入牛肉馅中搅匀。
2. 将网油摊开撒上淀粉，抹上牛肉馅，卷成卷。
3. 将锅内放油上旺火，放入牛肉卷大火炸，改用温火炸熟，捞出切片装盘。

🐷 原料

牛里脊肉400克，嫩香芹50克，胡萝卜30克。

🍴 调料

姜丝、干辣椒、豆瓣酱、花椒粉、料酒、酱油、白糖、盐、鸡精、植物油各适量。

🍳 制作方法

1. 牛里脊肉切丝，香芹切段，胡萝卜切丝。
2. 炒锅放火上，倒入植物油，待油温烧至七成热，加姜丝、干辣椒、豆瓣酱和花椒粉炒香。
3. 炒锅内放入牛肉丝煸酥，烹入料酒，倒入香芹段、胡萝卜丝翻炒2分钟，用酱油、白糖、盐、鸡精调味即可。

干煸牛肉丝

小提示

干煸牛肉丝
● 具有增加免疫力、补铁补血、抗衰老的功效。
粉蒸肥肠
● 具有润燥、补虚、止渴止血的功效。

🐷 原料

猪肥肠300克，大米粉30克。

🍴 调料

香菜碎、盐、酱油、料酒、腐乳汁、白糖、高汤、豆瓣酱、花椒粉、香油、辣椒油各适量。

🍳 制作方法

1. 猪肥肠切段，汆透捞出，沥干水分。
2. 将汆好的肥肠放入碗中，加盐、酱油、料酒、腐乳汁、白糖、豆瓣酱、香油拌匀，加适量高汤和大米粉拌匀，送入烧开的蒸锅，中火蒸1小时，取出，装盘，淋入辣椒油，撒上花椒粉、香菜碎即可。

粉蒸肥肠

蔬菜粉蒸牛肉

🐮 原料

牛腱子肉250克，胡萝卜、土豆各50克。

🍴 调料

葱圈、姜末、盐、料酒、辣椒酱、酱油、甜面酱、米粉、香油各适量。

🍳 制作方法

1. 牛腱子肉洗净切丁，胡萝卜、土豆去皮，洗净切丁。
2. 取大碗，放入牛肉块及各种调料拌匀，腌制入味，放入胡萝卜丁、土豆丁和米粉拌匀。
3. 将大碗送入烧沸的蒸锅，中火蒸至牛肉熟烂，撒上葱圈即可。

五香猪肝

🐮 原料

猪肝300克。

🍴 调料

料酒、五香粉、花椒、茴香、姜、蒜、盐、清水各适量。

🍳 制作方法

1. 猪肝洗净，倒入料酒，涂抹腌制一会儿；蒜拍碎。
2. 锅中放入五香粉、花椒、茴香、姜、蒜末、盐，倒入清水煮开，放入猪肝煮20分钟左右，充分入味，取出切片，装盘即可。

> **小提示**
>
> 蔬菜粉蒸牛肉
> ● 具有抗衰老、增加免疫力的功效。
> 五香猪肝
> ● 具有补肝、明目、养血的功效。

原料

猪肝200克。

调料

洋葱、青红椒、干辣椒、生姜、盐、料酒、生抽、干淀粉、胡椒粉、植物油各适量。

制作方法

1. 把洋葱、青红椒切块；把猪肝剔除筋后切片，加料酒、生抽、胡椒粉、干淀粉上浆拌匀，腌制10分钟左右。
2. 油烧热将猪肝倒入，快速翻炒，猪肝饱满就赶快盛起。
3. 锅里余油爆香干辣椒、生姜；下洋葱、青红椒翻炒，快熟时倒入猪肝，用盐、生抽、胡椒粉调味，稍微翻炒就起锅装盘。

香辣猪肝

椒盐肉排

原料

猪排骨200克。

调料

红椒粒、面粉、小苏打各0.5克，蒜蓉2克，味精、盐、生粉、吉士粉各1克，料酒10毫升，白酒2毫升，植物油2000克。

制作方法

1. 先将斩好的肉排用盐、味精、小苏打、白酒、吉士粉、面粉、生粉腌好。
2. 将炸熟的肉排在锅中用红辣椒粒、蒜蓉、盐、料酒翻炒即成。

小提示

香辣猪肝
● 具有明目、补血、去除毒素、增强人体免疫力的功效。

椒盐肉排
● 具有补充蛋白质和脂肪酸、补钙的功效。

麻辣排骨

原料

猪排骨500克。

调料

香葱末、蒜末、姜末、洋葱末、花椒粉、干红辣椒段、醋、酱油、料酒、湿淀粉、白糖、盐、鸡精、植物油各适量。

制作方法

1. 猪排骨斩段，放入料酒和湿淀粉抓匀，腌制30分钟。
2. 炒锅内倒入植物油，待油温烧热，放入腌制好的排骨炸熟，捞出，沥油。
3. 炒锅留底油放花椒粉、干红辣椒段、蒜末、姜末、洋葱末炒香，倒入排骨翻炒，加醋、酱油、白糖、盐、鸡精和清水，大火收干汤汁，撒上香葱末即可。

小提示

麻辣排骨
● 具有补充蛋白质和脂肪酸、促消化的功效。

土豆排骨
● 具有和中养胃、健脾利湿、降糖降脂、美容养颜的功效。

土豆排骨

原料

土豆200克，猪排骨150克。

调料

盐、大葱段、姜片、生抽、豌豆淀粉各10克，白砂糖、甜面酱各5克，鸡精1克，植物油50克，盐3克。

制作方法

1. 将土豆去皮切块，将猪排骨斩块，加淀粉抓匀，并将排骨过油备用。
2. 炒锅下油，爆香姜片，投入土豆炒透，加入排骨炒匀，调入生抽、白糖、盐、甜面酱，加清水适量，焖至排骨熟烂，最后用淀粉勾芡，撒入葱段、鸡精，炒匀上桌。

🐷 原料

猪排骨500克。

🍴 调料

葱段、姜片、盐、白糖、料酒、鸡精、酱油、孜然、辣椒粉、胡椒粉、香油、植物油各适量。

🍳 制作方法

1. 猪排骨斩段，加葱段、姜片、盐、白糖、鸡精、料酒、香油和酱油抓匀，腌制30分钟。
2. 煎锅置火上，倒入植物油，待油烧热，放入排骨两面煎熟，装盘，撒上孜然、辣椒粉、胡椒粉调味即可。

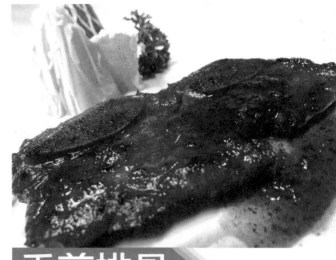

香煎排骨

小提示

香煎排骨
● 具有补充蛋白质和脂肪酸、增进食欲、促消化的功效。

孜然排骨
● 具有醒脑通脉、降火平肝、理气开胃、祛风止痛的功效。

🐷 原料

猪排骨300克。

🍴 调料

盐、姜末、葱碎、料酒、孜然粉、花椒粉、辣椒粉、白糖、味精、红油各适量。

🍳 制作方法

1. 用盐、姜末、葱碎、料酒放排骨里拌匀，腌两小时以上。
2. 再放入孜然粉、花椒粉、辣椒粉、白糖、味精、红油，拌匀。
3. 放微波炉里烤10分钟即成。

孜然排骨

叉烧肉

原料

猪里脊肉500克。

调料

葱段、姜片、料酒、酱油、白糖、盐、红曲粉、植物油各适量。

制作方法

1. 猪里脊肉切片，加料酒和酱油抓匀，腌制30分钟。
2. 炒锅置火上，倒入适量植物油，待油温烧至五成热，放入肉块炸至表面酥脆，捞出沥油，待用。
3. 将炸过的肉块放入沙锅内，加酱油、白糖、料酒、盐、葱段、姜片和适量清水，大火烧沸后转小火焖至肉块八成熟，加入红曲粉，大火收干汤汁即可。

红烧狮子头

原料

猪肉馅500克。

调料

香葱、生姜、淀粉、食用油、酱油、料酒、胡椒粉各适量。

制作方法

1. 葱、姜切末。
2. 猪肉馅和葱末、姜末、淀粉、胡椒粉、酱油拌匀，做成肉丸。
3. 将肉丸倒入油锅炸至金黄，加入酱油、清水、料酒同烧，中火焖煮熟透，用水淀粉勾芡，淋明油盛盘即可。

小提示

叉烧肉
● 具有补肾养血、滋阴润燥的功效。
红烧狮子头
● 具有润肠胃、补肾气、解热毒的功效。

🐷 原料

菠萝肉100克，猪里脊肉250克，青、红柿子椒片各适量。

🍴 调料

醋、白糖、盐、番茄酱、湿淀粉、植物油、鸡精各适量。

🥢 制作方法

1. 菠萝肉切块，猪里脊肉切块，加入湿淀粉拌匀。
2. 锅置火上，倒入植物油，待油烧热，放入肉块炸熟，捞起沥油，待油再烧热，下入肉块炸至皮脆，捞出沥油。
3. 锅留底油，放入番茄酱炒香，加清水、白糖、醋、盐、鸡精搅拌均匀，放入菠萝块、肉块、青红柿子椒片翻炒2分钟，用湿淀粉勾芡即可。

菠萝咕咾肉

红烧肉

🐷 原料

猪五花肉500克，胡萝卜200克。

🍴 调料

葱花、胡椒粉、八角、干红辣椒段、白糖、盐、鸡精、植物油各适量

🥢 制作方法

1. 猪五花肉切块，入沸水中氽透，捞出。
2. 炒锅置火上，倒入适量植物油，加入白糖炒成糖色，放入五花肉炒至呈枣红色，放入八角、葱花、胡椒粉和干红辣椒段炒香。
3. 锅内再倒入煮熟的五花肉炒匀，加白糖和适量清水，大火煮沸，转小火煮至肉块熟透，待锅内的汤汁黏稠，用盐和鸡精调味即可。

小提示

菠萝咕咾肉
● 具有补肾养血、滋阴润燥、消暑、补血、消除疲劳的功效。
红烧肉
● 具有补肾养血、滋阴润燥、润肌肤的功效。

盐焗鸭

原料

鸭腿肉300克。

调料

海天盐、盐焗鸡粉、生葱、蒜、姜、料酒、花生油各适量。

制作方法

1. 预热上下200度烤箱。
2. 先把鸭腿肉清洗净沥干，均匀地抹上盐焗鸡粉，加入蒜、姜、料酒，腌制20分钟使味道渗入鸭肉里；准备好锡纸，摊平抹上花生油，把生葱打结垫在底部。
3. 最后把腌制好的鸭肉放上去包好，放进烤箱烤50分钟即可。

小提示

盐焗鸭
● 具有滋阴补血、清热健脾、养胃生津的功效。

芹菜牛肉丝
● 具有补气益脾、抗衰老的功效。

芹菜牛肉丝

原料

芹菜300克，瘦嫩牛肉100克。

调料

植物油50克，酱油20克，精盐3克，料酒5克，葱花4克，姜末4克，水淀粉10克。

制作方法

1. 将牛肉切丝装入碗内，用酱油、料酒、水淀粉上浆，芹菜去叶，切段，用开水烫一下，捞出用凉水过凉，控净水分。
2. 炒锅上火，放油烧热，下葱花、姜末炝锅，再放入牛肉丝，用旺火滑熟后盛起待用。将芹菜煸炒，加入精盐调味，倒入牛肉丝，加入酱油、料酒急炒几下即成。

🍖 原料

鸭肉300克。

🍴 调料

子姜100克，青椒、红椒、油、盐、酱油、料酒各适量。

🍳 制作方法

1. 鸭肉处理好，洗净沥干水分；子姜切薄片，青红椒切片备用。
2. 热锅放油，将鸭肉入锅中翻炒，加盐、料酒翻炒至水分全部炒干，锅底只剩油放入姜片同炒，放入青红椒、水、酱油焖5分钟，稍稍收汁出锅。

仔姜鸭

小提示

仔姜鸭
● 具有滋阴补血、清热健脾、养胃生津的功效。

啤酒鸭
● 具有消暑解热、开胃健脾、增进食欲的功效。

🍖 原料

鲜肉鸭500克。

🍴 调料

鲜辣椒、蒜头、白胡椒粉、芡粉各5克，姜、酱油各10克，八角、桂皮各3克，丁香一个、啤酒一瓶、盐8克、白糖6克、高汤30克、食用油70克。

🍳 制作方法

1. 将鸭肉剁块，姜块切片，蒜头拍碎，辣椒切碎。
2. 用油起锅，将鸭块炒出油，加入姜片、八角、桂皮、丁香、蒜头炒出香味，再加入啤酒和高汤烧开，再加入盐、白糖、酱油调味，改成小火焖30分钟，再加入辣椒碎，撒上白胡椒粉，稍微勾芡，出锅，盛盘上桌。

啤酒鸭

香菇烧鸡翅

🐗 原料

鸡翅300克，香菇干20克，青、红椒5克。

🍴 调料

蚝油、生抽、鸡精、料酒、生姜、啤酒各适量。

🍲 制作方法

1. 鸡翅加料酒焯水，香菇加水泡开，青、红椒切片。
2. 焯好的鸡翅摊开加一点油、姜片一起小火煎一下。鸡翅表面微微发黄时把香菇加入生抽、蚝油、鸡精一起炒匀，加啤酒烧开，加糖，改小火炖20分钟。
3. 最后加点盐、青红椒片，大火收汁，装盘即可。

黄焖鸡

🐗 原料

鸡700克。

🍴 调料

炸鸡粉、面粉、生粉、葱、姜、桂皮、香叶、八角、大料、料酒、盐、生抽各适量。

🍲 制作方法

1. 给生鸡块加入葱、姜、大料、桂皮、料酒、生抽、盐少许拌匀后，淹半个小时；加入炸鸡粉、面粉、生粉各少许制成三合粉与鸡块拌匀，将鸡块入热油炸至半熟。
2. 锅内入葱、姜、桂皮、香叶、八角加水煮上十来分钟制成调料水。
3. 将炸好的鸡块放入蒸碗，再加入调料水，入蒸锅蒸40分钟，出锅装盘即可。

> **小提示**
> 香菇烧鸡翅
> ● 具有延缓衰老、提高免疫力的功效。
> 黄焖鸡
> ● 具有强身健体、提高免疫力的功效。

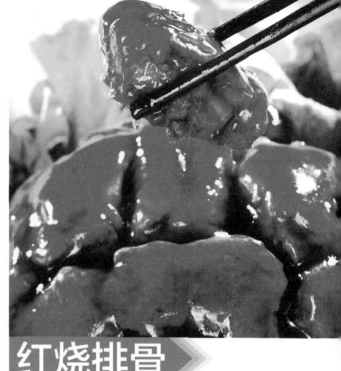

🐷 原料

排骨300克。

🍴 调料

植物油、绍酒、盐、糖、老抽、鸡精、水淀粉、大葱、姜、八角、陈皮各适量。

🍳 制作方法

1. 把排骨放入沸水中煮1分钟，倒掉血水。
2. 锅中放入少量油，烧至冒烟，放入姜、大葱爆香，再放入排骨翻炒片刻，放入沸水后加入八角、陈皮、绍酒、盐、糖和老抽，大火烧30分钟。
3. 上碟前5分钟放入鸡精，用水淀粉勾芡。

红烧排骨

粉蒸羊排

🐷 原料

羊排骨500克。

🍴 调料

大米粉、料酒、酱油、姜米、葱花、香油、盐、调和油、汤、豆瓣、辣椒粉、花椒粉各适量。

🍳 制作方法

1. 将羊排斩断，在羊排骨中放入豆瓣、酱油、调和油、料酒、姜米、葱花拌匀码味半小时以上；加入大米粉、汤拌匀，放沸水蒸锅中，中火蒸约一小时，至羊排软烂后取出。
2. 淋上香油，再撒上辣椒粉、花椒粉、葱花，拌匀后即可食用。

小提示

红烧排骨
● 具有补钙、舒张血管、降胆固醇、缓解疲劳的功效。
粉蒸羊排
● 具有补肾壮阳、补虚温中、发汗解表、温中止呕、温肺止咳的功效。

豆豉蒸排骨

🐷 原料

排骨500克。

🍴 调料

酱油、料酒、豆豉、盐、糖、胡椒粉、淀粉、姜末、蒜末、香葱末、植物油、芝麻油、香菜叶各适量。

🍳 制作方法

1. 猪排剁块，用热水焯一下，冲去血污；豆豉切碎，待用。
2. 炒锅烧热，放油，下姜末、蒜末爆香，加入豆豉末，边炒边加入盐、糖、胡椒粉、酱油、料酒炒出香味，即成豆豉汁。
3. 在豆豉汁里加淀粉、芝麻油淋在排骨上，拌匀后放入蒸锅，蒸15分钟，取出装盘，撒上香葱末、香菜叶即可。

小提示

> 豆豉蒸排骨
> ● 具有增加食欲、补钙、降低胆固醇的功效。
>
> 回锅肉
> ● 具有补肾养血、滋阴润燥、补肾养血的功效。

回锅肉

🐷 原料

五花肉300克，洋葱50克，青、红椒30克。

🍴 调料

葱段、姜片、料酒、甜面酱、郫县豆瓣酱、酱油、白糖、盐、味精、植物油各适量。

🍳 制作方法

1. 锅置火上，放入葱段、姜片、料酒煮沸，下入五花肉煮至八成熟，捞出，入冷水中浸凉1分钟，切片；洋葱切片，青、红椒切片。
2. 锅内倒入植物油，放入肉片煸炒至打卷，加入甜面酱和郫县豆瓣酱炒出香味，放入酱油、白糖。
3. 倒入洋葱片和青、红椒片翻炒至洋葱片断生，加盐和味精调味，装盘即可。

原料

五花肉300克，粉条200克。

调料

油、大料、五香粉、老抽各适量。

制作方法

1. 把肉切块，在水中焯一下，去掉血水。
2. 锅中放入适量的油，放入大料炸香，放入肉，煸炒，放入五香粉、老抽和适量的水，大火烧开，炖10分钟。
3. 放入粉条，小火炖20分钟，放入盐调味即可。

红烧肉炖粉条

小提示

红烧肉炖粉条
● 具有补肾养血、滋阴润燥、促进胃肠蠕动的功效。

菠萝炒猪肉
● 具有润肠胃、生津液、补肾气、解热毒的功效。

原料

猪肉300克，菠萝片50克，鸡蛋清1个，青、红椒20克。

调料

植物油、盐、酱油、白醋、料酒、白糖、番茄酱、水淀粉、葱末、姜末各适量。

制作方法

1. 猪肉切块，放盐、料酒、水淀粉、鸡蛋清腌拌；青、红椒切片。
2. 锅内放植物油烧至五成热，倒入肉块炸至浅黄色，捞出沥油；待油温升至七成热复炸至金黄色，捞出沥油。
3. 锅内留少许底油烧热，放入葱末、姜末煸炒出香味，放入番茄酱、白醋、酱油、白糖、盐、水淀粉炒成稠汁，放入青、红椒片、肉块和菠萝片翻炒均匀即可。

菠萝炒猪肉

油焖虾

🦐 原料

大虾750克。

🍴 调料

味精2克，盐、葱段、姜段各5克，白糖、花生油各50克，醋10克，料酒20克，高汤150克。

📖 制作方法

1. 将大虾剪去须、爪，除去头部沙包和脊背沙线，洗净。
2. 锅上火加油烧热，下入虾，煎至两面呈金黄色，盛出。
3. 锅留底油，放入葱姜段、料酒、盐、白糖、醋、高汤，下入煎好的虾，煮开后用小火焖约5分钟，加味精调味，先将虾出锅码盘，余汁收浓后淋在大虾上即成。

椒盐虾

🦐 原料

海虾500克，香菜25克。

🍴 调料

盐15克，辣椒25克，花生油50克，五香粉2克。

📖 制作方法

1. 将虾洗净，剪虾须、虾枪；辣椒切成段，香菜梗切段。
2. 炒锅烧热，放入盐，炒至烫手有响声，端离火口，倒入五香粉，拌匀即成淮盐。
3. 炒锅内放入虾略煎片刻，加淮盐和辣椒段、香菜段，炒至熟，装盘即可。

> **小提示**
> 油焖虾
> ● 具有增强免疫力、补肾壮阳的功效。
> 椒盐虾
> ● 具有开胃化痰、益气通乳的功效。

🦀 原料

鲤鱼750克，松蘑15克。

🍴 调料

花生油100克，大蒜、生姜各5克，酱油、料酒、湿淀粉各25克，味精、胡椒粉、辣椒面、精盐、芝麻油各适量。

🥢 制作方法

1. 将鲜鲤鱼洗净，去鳞去鳃，腹剖处划开，去内脏，洗净血沫，两边斜剁5刀。
2. 松蘑水发后，洗净泥沙，去蒂根，大葱切段，生姜切片。
3. 锅内放入花生油烧热，鲤鱼下锅煎成两面黄色，再烹入料酒，放入辣椒面、松蘑丝、精盐、酱油、姜片烧开，改小火焖熟，再放入葱段、味精勾芡，加入芝麻油、胡椒粉，装盘即可。

红烧鲤鱼

压锅鲤鱼

🦀 原料

鲤鱼700克。

🍴 调料

葱、姜、蒜、干辣椒、番茄酱、豆油、盐、味素、青红椒、圆葱、香菜各适量。

🥢 制作方法

1. 鱼用油炸一下。
2. 高压锅底放青红椒、香菜、圆葱、把炸过的鱼放在菜上。
3. 大勺上火，加豆油、葱、姜、蒜、干辣椒炒香，下番茄酱炒出香味，加汤、盐、味素倒在鱼上，高压锅盖盖上火，上汽计时8分钟开盖，装盘即可。

小提示

红烧鲤鱼
● 具有补脾健胃、利水消肿、清热解毒、止嗽下气的功效。
压锅鲤鱼
● 具有健胃消食、补脾健胃、促消化、增加食欲的功效。

原料

鳜鱼750克，松仁20克。

调料

植物油、香油、白糖、醋、盐、干淀粉、料酒、番茄酱、蒜末、香油各适量。

制作方法

1. 鳜鱼切去鱼头、脊骨，取下鱼肉，与尾部相连，片去胸刺，斜切菱形小块。
2. 用料酒、盐抹在鱼肉上，蘸匀干淀粉，番茄酱、清水、白糖、醋、料酒、盐调成味汁。
3. 锅内倒油烧热，将鱼炸至金黄色，捞出装盘，放鱼肉炸至淡黄色捞出装盘。
4. 锅内倒油，下蒜末炒香，烹入调好的味汁，加香油、松仁炒匀后浇在鱼上即可。

松鼠鳜鱼

小提示

松鼠鳜鱼
● 具有补气血、益脾胃、抗衰老的功效。

蒜烧鲶鱼
● 具有滋阴养血、补中气、开胃、利尿的功效。

原料

鲶鱼300克。

调料

大蒜、植物油、熟猪油、葱段、姜片、大蒜、盐、料酒、味精、酱油、醋、白糖、豆瓣、高汤、水淀粉各适量。

制作方法

1. 鲶鱼去鳃、内脏，洗净，在背上划几刀，成连着的鱼段。
2. 倒入植物油烧熟，放入大蒜炸至金黄色，捞出。
3. 倒入熟猪油，将鲶鱼两面煎好后捞出。
4. 下豆瓣翻炒，放入葱段、姜片、盐，料酒，味精，酱油，醋，白糖，高汤和大蒜煮开，加味精、水淀粉勾芡即可。

蒜烧鲶鱼

🐷 原料

活鲈鱼600克。

🍴 调料

生姜、淀粉、酱油、高汤、料酒、胡椒粉、姜汁、香醋、盐、白糖各适量。

🍶 制作方法

1. 鲈鱼去内脏、鱼鳞后洗净，加入料酒、精盐、姜汁蒸20分钟后取出；姜切末。

2. 将蒸鱼的汤汁滤入炒锅内，加适量高汤、酱油、盐、胡椒粉、料酒、糖、香醋调成味汁，味汁烧开后用水淀粉增稠，撒上姜末浇在鱼上即可。

西湖醋鱼

小提示

西湖醋鱼
● 具有益肾安胎、健脾补气、补肝肾、益脾胃、化痰止咳的功效。

清蒸草鱼
● 具有暖胃和中、平降肝阳、延缓衰老的功效。

🐷 原料

活草鱼700克，火腿、冬笋、冬菇各100克。

🍴 调料

葱白丝、姜丝、红椒丝、盐、料酒、胡椒粉、葱段、姜片、植物油、豉油、黄酱油各适量。

🍶 制作方法

1. 将草鱼去鳞去鳃，除去内脏，洗净肚内黑衣，沿着脊骨斜切几刀，使其肚裆相连，加盐腌渍半小时；冬笋、火腿、水发冬菇均切成丝待用。

2. 将草鱼摆在长盘中，放上火腿丝、冬笋丝、冬菇丝，撒上胡椒粉、盐、葱段、姜片，加料酒，浇上植物油，上笼蒸12分钟，取出，除去葱段、姜片，浇上豉油、黄酱油，撒上葱白丝、姜丝和红椒丝即可。

清蒸草鱼

干烧鲫鱼

🍲 原料

鲫鱼500克。

🍴 调料

色拉油、葱、姜、蒜、八角、花椒、干辣椒、白糖、酱油、食盐、醋、料酒、胡椒粉各适量。

🥘 制作方法

1. 鲫鱼处理干净后在表面划几刀，抹少许料酒、盐、胡椒粉腌制10分钟。
2. 锅烧热后加入油，将鱼放入，煎至两面上色，盛出备用。
3. 用锅中剩余的油将葱、姜、蒜、干红辣椒、花椒大料炒出香味，放入煎好的鱼，烹入醋、白酒马上盖盖儿焖1分钟，然后加入酱油、糖、盐及水半杯，滚开后关小火，小火炖煮至汤汁基本收干即可。

清蒸鳜鱼

🍲 原料

鳜鱼750克，冬笋丝30克，红柿子椒丝30克。

🍴 调料

姜丝、酱油各10克，小葱丝15克，盐4克，味精3克，黄酒20克，清汤、糖、猪油各适量。

🥘 制作方法

1. 将鳜鱼杀好，去浮皮，去内脏，洗清，放入开水锅内焯一下，取出，刮干净，放在盘中。
2. 将冬笋丝、葱丝、姜丝、红椒丝、猪油倒在鱼上面，再加盐、糖、黄酒、酱油、清汤，上笼蒸熟，取出即可。

> **小提示**
> 干烧鲫鱼
> ● 具有增强抗病能力、美容抗皱的功效。
> 清蒸鳜鱼
> ● 具有开胃健脾、养肝明目的功效。

原料

草鱼750克、豆芽300克。

调料

植物油、胡椒粉、盐、生粉、黄酒、红椒、花椒各适量。

制作方法

1. 鱼尾去鳞，剖成两片，抽出骨头待用，再将鱼片切成薄片。
2. 锅内倒入油，将鱼骨放入煎透，煎完的鱼骨放入锅内炖一下做一份高汤。
3. 鱼片中洒入胡椒粉、盐、生粉和黄酒并用手揉捏，使其入味。
4. 锅内入沸水将鱼片倒入，鱼片发白捞出；将豆芽煮一会儿；将鱼片、豆芽装盘，锅里倒油，将红椒、花椒炸至香味溢出，浇到鱼肉上即可。

水煮鱼

红烧鱼块

原料

草鱼350克。

调料

姜末、葱末各5克，白糖20克，酱油50克，味精1.5克，素油60克，湿淀粉15克，青红椒段、植物油各30克。

制作方法

1. 鱼剁成长方块。
2. 锅置火上烧热，滑锅后放少量油，下鱼块稍煎，撒姜末略焖，加酱油、糖稍烧，添沸水，转小火将鱼烧熟。
3. 用旺火收浓汤汁，撒上葱末、青红椒段、味精，用湿淀粉勾芡，浇素油出锅即成。

小提示

水煮鱼
● 具有暖胃和中、平降肝阳、祛风、益肠明目的功效。
红烧鱼块
● 具有平降肝阳、增进食欲、促消化的功效。

Part 3 热菜篇

🐮 原料

菜花100克，肉50克，红椒20克。

🍴 调料

蒜蓉、油、盐、酱油、十三香、鸡精各适量。

🥘 制作方法

1. 菜花洗净用手撕成小朵备用，肉切薄片，红椒切条。
2. 油烧到8分热，加入肉榨一下，再加入十三香、蒜蓉、小葱、红椒条炸出香味，放少许酱油，加入菜花，大火翻炒，待菜花炒软一点，出汁即可放鸡精出锅。装盘即可。

菜花炒肉片

小提示

菜花炒肉片
● 具有清化血管、解毒肝脏、提高人体免疫力的功效。

京酱肉丝
● 具有补肾养血、滋阴润燥、健脑益智、保护肝脏、延缓衰老的功效。

🐮 原料

里脊肉200克，鸡蛋1个。

🍴 调料

大葱、红椒、淀粉、食用油、香油、酱油、料酒、番茄酱、甜面酱、白糖各适量。

🥘 制作方法

1. 里脊肉切丝，将蛋清、酱油、淀粉、料酒加入肉丝中拌匀，大葱、红椒切丝。
2. 锅内加油烧热，放入肉丝迅速滑开，待肉色变白后立即捞出；锅中留适量的油，大火烧热，放入番茄酱、甜面酱、白糖，改小火翻炒，炒至酱香扑鼻，并冒出小泡，改大火加入肉丝快炒至入味，淋上香油出锅；
3. 将肉丝码在盘上，撒上红椒丝、葱丝即可。

京酱肉丝

虎皮尖椒

原料

尖椒500克。

调料

植物油、海鲜酱油各适量。

制作方法

1. 尖椒洗净，去蒂除籽，沥干水分。
2. 煎锅放火上，倒入适量植物油，待油温烧至五成热，放入尖椒煎至变色且外皮泛白，盛出沥油，装盘，淋入海鲜酱油即可。

烤肉串

原料

猪肉块200克。

调料

花生酱、葱、酱油、柠檬汁、红糖、蒜头、干辣椒、小洋葱各适量。

制作方法

1. 将花生酱、洋葱、酱油、柠檬汁、红糖、蒜和干辣椒搅拌，再加入猪肉搅拌。
2. 将调好味的猪肉串起来，将剩余的调味料转到小锅内煮几分钟至沸腾。
3. 在烤箱上刷油后将肉串烤10分钟，翻转肉串，刷上调味品，即可。

> **小提示**
>
> 虎皮尖椒
> ● 具有抗衰老、促进新陈代谢的功效。
> 烤肉串
> ● 具有补肾气、解热毒的功效。

🐷 原料

猪肉馅400克，猪肉丁100克，虾仁、笋丁、海参丁各30克。

🍴 调料

植物油、酱油、甜面酱、料酒、盐、鸡精、香油、鸡蛋液、面粉、葱段、姜片、大料、高汤、湿淀粉各适量。

🍳 制作方法

1. 将肉馅、肉丁、虾仁、笋丁、海参丁、酱油、甜面酱、料酒、盐、鸡精、香油拌匀做成丸子；鸡蛋液加面粉和成鸡蛋面粉糊，将丸子蘸上面粉糊。
2. 锅入油烧热放入肉丸炸硬，捞出沥油。
3. 将肉丸加酱油、高汤、盐、葱段、姜片、大料，蒸30分钟，汤倒入锅中烧开，加湿淀粉勾芡，淋在肉丸上即可。

四喜丸子

爆炒毛肚

🐷 原料

毛肚400克，红椒、辣椒各30克。

🍴 调料

葱、大蒜、花椒、鸡精、盐、生抽各适量。

🍳 制作方法

1. 将煮熟的毛肚切丝，葱切段，红椒洗净切段，大蒜切片。
2. 不粘锅放油下花椒、大蒜片、辣椒煸香，再下入葱段、红椒段煸炒，接着下入毛肚丝翻炒，加盐、生抽、鸡精煸炒装盘即可。

小提示

四喜丸子
● 具有润肠胃、生津液、补肾气、解热毒的功效。

爆炒毛肚
● 具有预防心血管疾病、消暑、补血、消除疲劳的功效。

话梅排骨

🍖 原料

排骨500克，话梅10粒。

🍴 调料

油、盐、大料、桂皮、白糖、红糖、料酒、生抽、香葱、生姜、老抽、醋、芝麻各适量。

🥄 制作方法

1. 排骨切成小块，锅里烧开水将排骨放入焯水，再用清水冲洗干净备用。
2. 锅里加入香葱、生姜、大料、料酒和排骨煮30分钟，捞出排骨，将汤汁盛出。
3. 锅里倒入油烧热，放入红糖和白糖小火炒出糖色，加入排骨、桂皮、大料炒香，加入汤汁、话梅、生抽、老抽、醋烧开，烧到汤汁半干，加入盐调味，大火收汁，撒上芝麻即可。

小提示

话梅排骨
● 具有止血涌痰、生津止渴的功效。

腊肉炒荷兰豆
● 具有开胃祛寒、消食、提高机体免疫力的功效。

腊肉炒荷兰豆

🍖 原料

腊肉200克，荷兰豆150克，芹菜30克。

🍴 调料

小葱、盐各2克，料酒10克，味精、大蒜各1克，植物油25克。

🥄 制作方法

1. 腊肉洗净后蒸熟，取出晾凉后切片，荷兰豆择洗干净，芹菜洗净切段。
2. 锅置火上，放油烧热，下入腊肉片用小火煸炒至微卷，再加入葱、蒜、荷兰豆、芹菜、料酒、盐炒至荷兰豆、芹菜熟，出锅前加入味精即可。

🍖 原料

猪排骨500克，糯米150克。

🍴 调料

姜末、花椒粉、白糖、腐乳汁、盐、鸡精、葱花各适量。

🍳 制作方法

1. 糯米淘洗干净，用清水浸泡6小时，捞出，沥干水分；猪排骨洗净，剁成5厘米长的段，入沸水中氽透，捞出，沥干水分。
2. 猪排骨、糯米加所有调料拌匀，码入碗中，放入烧沸的蒸锅蒸1小时，取出，撒上葱花，装盘即可。

糯米蒸排骨

小提示

糯米蒸排骨
● 具有补中益气、健脾养胃、止虚汗的功效。

孜然鸡块
● 具有强身健体、提高免疫力、排毒清肠、降低血糖的功效。

🍖 原料

鸡腿肉300克，香菜叶30克。

🍴 调料

生抽、大蒜、生姜、盐、孜然、花椒、植物油各适量。

🍳 制作方法

1. 把肉切块洗净，用生姜、大蒜、生抽、盐、花椒腌制两小时以上。
2. 油用大火烧热，转中火开始炸，炸至断生盛起；再入油锅炸至肉变至金黄（期间都用小火），把鸡块捞出，洒上孜然。（在盘底铺上香菜叶有利于除油和美观）

孜然鸡块

麻辣鸡片

🥘 原料

鸡脯肉500克，鸡蛋清50克。

🍴 调料

花生油750克，花椒末15克，辣椒油10克，味精5克，姜汁15克，白糖少许，盐适量，玉米粉100克，鲜汤50克。

🍲 制作方法

1. 将鸡脯肉切成大薄片，用盐、鸡蛋清、玉米粉拌匀。
2. 把浆好的鸡片放入热油中，炸至金黄色；起锅放入底油烧热，下入花椒末炸出香味，再加入辣椒油、白糖、味精、姜汁、鲜汤、鸡片用小火烤5分钟，出锅后晾凉即可。

炸鸡腿

🥘 原料

鸡腿500克，鸡蛋2个。

🍴 调料

植物油500克，料酒30克，盐、湿淀粉、味精各5克，葱、姜各15克，椒盐10克。

🍲 制作方法

1. 将鸡腿剖开，骨成柄，用刀尖将筋切断，穿成小孔浸入料酒、味精、盐和葱、姜中，入味约1～2小时。
2. 将浸好的鸡腿抖掉葱、姜，蘸上用蛋清、湿淀粉搅成的浓糊，下炒勺热油，用旺火炸15分钟呈金黄色时捞出，蘸椒盐食用即可。

> **小提示**
>
> **麻辣鸡片**
> ● 具有温中益气、补虚损的功效。
> **炸鸡腿**
> ● 具有强身健体、提高免疫力的功效。

原料

鸡胗200克,蒜薹100克。

调料

泡姜、生姜、红尖椒、盐、酱油、料酒、鸡精、胡椒粉、植物油各适量。

制作方法

1 鸡胗切片,加入生姜、盐、料酒、酱油拌匀,蒜薹切小段,泡姜切片,红尖椒切段。

2 炒锅倒油烧滚,下鸡胗翻炒至其完全变色后盛出待用。

3 炒锅中倒油,油热下生姜和红尖椒段煸炒半分钟,倒入蒜薹翻炒,倒入鸡胗大火快炒,并加盐、鸡精、胡椒粉炒匀,出锅。

小炒鸡胗

青椒炒鸡

原料

仔鸡500克。

调料

青椒、姜、植物油、土辣椒、蒜、盐、味精、酱油、米酒各适量。

制作方法

1 仔鸡杀净,砍成小块,姜、蒜切成丁,青椒切滚刀,土辣椒崭碎,备用。

2 热锅烧油,放入姜、蒜煸香,放入鸡块、盐使其入味,用小火慢慢煸,边煸边放入米酒待鸡块变色,放入土辣椒继续煸,呛米酒放4、5次再放入酱油上色,再放入青椒,再放盐、味精提鲜,继续翻炒,青椒炒熟即可。

小提示

小炒鸡胗
● 具有帮助消化、利便、除热解烦的功效。
青椒炒鸡
● 具有缓解疲劳、解热、镇痛、增加食欲、帮助消化的功效。

🥘 原料

鲜鸭1500克。

🍴 调料

植物油、食盐、料酒、花椒面、姜、葱、八角、陈皮、丁香、甘草、桂皮、甜面酱、香油、椒盐各适量。

🍳 制作方法

① 将鲜鸭去除鸭掌；姜切片，葱切段。
② 锅内加沸水，下姜片、盐、调料八角、陈皮、丁香、甘草、桂皮、鸭入锅，煮50分钟，往鸭肚里塞姜片、葱段去异味；捞出全鸭略凉，取出姜、葱，抹上甜面酱和香油，挂至风干，切块备用。
③ 将油烧热，用勺舀滚油浇至鸭块又酥又焦时，撒上椒盐即可。

椒盐鸭块

小提示

椒盐鸭块
● 具有温中散寒、除湿止痛的功效。

菠萝鸡片
● 具有消除水肿、健胃消食、补脾止泻、清胃解渴的功效。

🥘 原料

菠萝150克，鸡肉100克，青瓜、红椒各10克。

🍴 调料

花生油20克，白糖、番茄酱各30克，浙醋10克，盐5克，湿生粉、绍酒、麻油少许。

🍳 制作方法

① 鸡肉、菠萝、青瓜、红椒切片，鸡肉加少许湿生粉、绍酒腌约10分钟；
② 烧锅下油，放入青瓜片、红椒片、菠萝片、白糖、番茄酱、浙醋、盐炒至金红色，然后加入腌好的鸡片，用湿生粉勾芡翻炒数次，淋入麻油出锅即可。

菠萝鸡片

🦞 原料

带鱼250克。

🍴 调料

蒜蓉、葱花、陈醋、白砂糖、蚝油、香油各2克，姜、辣椒粉、味精、紫苏3克，花生油50克，盐1克，淀粉6克。

🥘 制作方法

1. 将带鱼切块，撒上干淀粉拌匀；
2. 锅内放油烧热，下带鱼炸至金黄色，捞出沥油；将蒜蓉、姜、干辣椒粉、葱花、紫苏放在碗内，兑盐、味精、白糖、陈醋、蚝油、淀粉拌匀；将带鱼放在锅内，置于火上，将兑好的汁烹在带鱼中收干，淋上香油装盘即可。

香辣带鱼

小提示

香辣带鱼
● 具有提高智力、养肝补血的功效。
豆瓣鱼
● 具有增加食欲、益气健脾、利湿消肿、增强记忆力的功效。

🦞 原料

鱼300克。

🍴 调料

辣椒、葱、姜、蒜、盐、糖、花椒、鸡精、豆瓣酱、淀粉、食用油各适量。

🥘 制作方法

1. 将鱼去内脏洗净，拍上淀粉，辣椒切末，葱切段，姜、蒜切成片；
2. 锅放入油，油热后放入鱼炸至两面金黄色捞出；
3. 锅内留余油，烧至油八成热，放入葱段、姜片、蒜片、辣椒末、花椒、豆瓣酱、清水、糖、盐、鸡精、鱼煮4分钟，将鱼捞出装入盘中，汤中加入水淀粉勾芡，浇在身鱼上即可。

豆瓣鱼

浇汁鲈鱼

原料

鲈鱼300克。

调料

番茄酱、料酒、葱、姜、蒜、盐、生粉、醋、糖、鸡精、植物油各适量。

制作方法

1. 鲈鱼两面划几刀，用盐、料酒腌10分钟，葱、姜、蒜切末。
2. 生粉蘸裹鲈鱼，抖落多余的生粉，入油锅两面煎熟捞出。
3. 锅内留底油爆香葱、姜、蒜，加适量番茄酱、醋、糖、鸡精、水烧开，将汤汁浇在鱼上即可。

清蒸武昌鱼

原料

武昌鱼600克。

调料

红辣椒、葱、姜、盐、料酒、酱油各适量。

制作方法

1. 葱、姜切丝；红辣椒去蒂除籽，切圈。
2. 武昌鱼去鱼鳞、鳃和内脏，洗净，装盘，放入葱丝、姜丝、红辣椒圈、盐、料酒、酱油于烧开的蒸锅中，中火蒸15分钟即可。

> **小提示**
>
> 浇汁鲈鱼
> ● 具有补肝肾益脾、化痰止咳的功效。
> 清蒸武昌鱼
> ● 具有开胃健脾、增进食欲的功效。

🍲 原料

菠菜200克，熟杏仁50克。

🍴 调料

油、盐、醋、糖、蒜各适量。

🍳 制作方法

1. 将杏仁拍碎备用，菠菜洗净，焯水备用，蒜拍碎备用。
2. 小锅烧热油倒入醋、盐、糖调成调味汁。
3. 把调味汁倒入材料上拌匀，最后加入杏仁碎稍拌几下即可装盘。

杏仁菠菜

清炒空心菜

🍲 原料

空心菜700克，红椒丝10克。

🍴 调料

葱、蒜末各15克，精盐5克，味精2克，芝麻油5克，花生油25克。

🍳 制作方法

1. 将空心菜择洗干净，沥干水分。
2. 炒锅置旺火上，加花生油烧至七成热，加红椒丝、葱、蒜、空心菜炒至刚断生，加盐、味精翻炒，淋芝麻油，装盘即成。

小提示

杏仁菠菜
● 具有润肺、降低胆固醇、减肥的功效。
清炒空心菜
● 具有清热凉血、利尿除湿的功效。

原料

油麦菜300克，豆豉鲮鱼罐头50克。

调料

葱末、姜末、蒜末各5克，盐2克。

制作方法

1. 油麦菜择洗干净，用手折成长段。
2. 锅置火上，放油烧热，放入葱末、姜末爆香，下油麦菜、豆豉鲮鱼翻炒约1分钟，再倒入蒜末炒匀，加盐调味即可。

豆豉鲮鱼油麦菜

小提示

豆豉鲮鱼油麦菜
● 具有促进血液循环、有助于睡眠、减肥的功效。

蚂蚁上树
● 具有润肠胃、生津液、补肾气、解热毒的功效。

原料

粉丝150克，猪肉馅30克。

调料

蒜蓉、葱花、姜末、高汤、豆瓣酱、酱油、白糖、芝麻油、植物油各适量。

制作方法

1. 锅中倒入适量水烧热，放入粉丝焯烫2分钟至颜色变白并膨胀，捞出，沥干。
2. 锅内倒入植物油烧热，放入蒜蓉、葱花、姜末煸炒片刻，待香味出来，放入猪肉馅拨散。
3. 大火爆香，淋上高汤、豆瓣酱、酱油、白糖和芝麻油，加粉丝煮至汤汁收干即可。

蚂蚁上树

🐷 原料

芥蓝、山药各80克，胡萝卜片30克。

🍴 调料

植物油、食盐、生抽各适量。

🍳 制作方法

1. 芥蓝根部去皮，嫩梢不去，冲洗后切片；山药去皮切成片；
2. 坐锅热油，下胡萝卜、芥蓝快炒，下山药快速拌炒，加食盐和少许生抽入味，翻炒均匀出锅装盘。

芥蓝炒山药

小提示

芥蓝炒山药
● 具有健脾益胃、助消化、滋肾益精、降低血糖的功效。

鸡蛋炒苦瓜
● 具有滋阴润燥、健脑益智、保护肝脏的功效。

🐷 原料

苦瓜250克，鸡蛋2个，红椒片5克。

🍴 调料

植物油50克，盐10克，鸡精、葱末、姜末各适量。

🍳 制作方法

1. 将苦瓜对剖，挖去内瓤洗净切片，撒上少许盐拌匀略腌。
2. 锅中放清水，水量以没过苦瓜为宜，放少许盐，滴几滴植物油，水开后将苦瓜倒入略汆，捞出过凉水滤干。
3. 鸡蛋打散，用油炒熟备用，炒锅入适量油，油热后放入葱末炝锅，将苦瓜、红椒片倒入略炒，接着将炒好的鸡蛋放入，用盐和鸡精调味，迅速炒匀，装盘即可。

鸡蛋炒苦瓜

炸藕盒

🍲 原料

鲜藕400克，肉馅150克，面粉50克。

🍴 调料

葱花、姜末、酱油、盐、面粉、五香粉、苏打粉、植物油各适量。

🍳 制作方法

1. 将鲜藕洗净，去皮烫一下，顶刀切成0.2厘米厚的片，每两片相连合成合页状。
2. 将肉馅放入碗中，加葱花、姜末、酱油、盐搅匀成肉馅；将面粉、苏打粉、五香粉加水调成面糊。
3. 在藕片中夹入肉馅，裹上面糊，下油锅炸熟即可。

地三鲜

🍲 原料

茄子300克，土豆200克，青、红椒150克。

🍴 调料

葱花、蒜末各5克，高汤、酱油、水淀粉各10克，白糖8克，盐4克。

🍳 制作方法

1. 茄子、土豆切片；青、红椒切片。
2. 锅内放油烧热，放入土豆炸至微黄色捞出。
3. 锅底留油烧热，将茄子倒入锅中，炸至微黄，加青、红椒过油，捞起沥油；锅内放油烧热，爆香葱花、蒜末，加高汤、酱油、白糖、盐、土豆、茄子和青、红椒略烧，加水淀粉勾薄芡收汁即可。

> **小提示**
> 炸藕盒
> ● 具有强健胃黏膜、预防贫血的功效。
> 地三鲜
> ● 具有抗衰老、清热解暑的功效。

🍲 原料

平菇200克。

🍴 调料

香葱、葱白、姜片、蒜片、蚝油、盐水各适量。

🍳 制作方法

①平菇去根部后用手撕成条状，再将平菇放入盐水里浸泡，沥干水分。

②锅内倒少许油，把葱白、姜片和蒜片爆香后，再倒入少许蚝油翻炒，再把平菇放入翻炒，炒匀后盖上锅盖中火焖2分钟，等汤汁烧出来之后，撒上葱即可出锅。

蚝油平菇

🍲 原料

咸肉100克，蘑菇50克。

🍴 调料

大蒜、青蒜苗、油、盐、味精各适量。

🍳 制作方法

①蘑菇切片，焯水；青蒜苗切成段，咸肉切片待用。

②锅里放油，先放入肉片爆香熬出油，再放入大蒜、蘑菇片和肉片翻炒，再放入蒜苗翻炒，加少许盐和味精，炒至变色出锅即可。

大蒜蘑菇炒咸肉

小提示

蚝油平菇
● 具有增强免疫力、舒筋活血、延年益寿的功效。

大蒜蘑菇炒咸肉
● 具有补肾养血、滋阴润燥、促进食欲、通便排毒的功效。

青椒蘑菇肉丝

原料

蘑菇300克，猪肉150克，青、红椒50克。

调料

油、盐、姜、蒜、醋、酱油各适量。

制作方法

1. 青、红椒切丝，蘑菇切片，猪肉切丝，蒜切末，姜切细丝。
2. 热锅放少许油，倒入肉丝煸炒，变色后撒少许盐，将肉盛出备用。
3. 留底油放入蒜末和姜丝爆香，倒入青、红椒快速翻炒，淋入少许醋，倒入蘑菇，继续翻炒，再倒入肉丝，淋入少许酱油，出锅前，撒入少许盐，翻炒均匀即可。

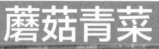

小提示

青椒蘑菇肉丝
● 具有缓解疲劳、增加食欲、帮助消化的功效。

蘑菇青菜
● 具有提高机体免疫力、止咳化痰、促进食欲的功效。

蘑菇青菜

原料

青菜500克，蘑菇200克。

调料

油、盐、味精、糖、干辣椒各适量。

制作方法

1. 蘑菇、青菜洗净沥干水，蘑菇切片，干辣椒切段。
2. 油锅烧热，将蘑菇倒入锅中，爆出香味，倒入青菜、干辣椒段翻炒，加盐炒熟，下味精、糖翻炒一下即可。

🍲 原料

油菜、香菇各250克。

🍴 调料

盐、姜、蒜、花椒、蚝油、水淀粉、色拉油各适量。

🍳 制作方法

1. 青菜洗净，香菇冷水泡发，姜蒜切碎。
2. 烧一锅开水，加入少许盐和色拉油，放入青菜焯一下，捞出备用。
3. 热油锅，煸香姜、蒜、花椒，倒入香菇翻炒，加蚝油和少量盐，用水淀粉勾芡出锅。

香菇扒菜心

小提示

香菇扒菜心
● 具有延缓衰老、降血压、降血脂、降胆固醇的功效。

蚝油双菇
● 具有宽肠通便的功效。

🍲 原料

香菇、草菇各250克，青菜心150克。

🍴 调料

盐、料酒、花生油、蚝油、水淀粉、葱片、姜片各适量。

🍳 制作方法

1. 将草菇、香菇洗净切片，用开水汆一下，捞出备用；青菜心洗净切片。
2. 炒锅注油烧开，下入葱姜片爆锅，倒入草菇和香菇煸炒，加入蚝油、盐、料酒 及青菜心，稍加翻炒，勾芡淋上熟油，将青菜心摆在盘周围，双菇盛在盘中即成。

蚝油双菇

干煸肥肠

🐷 原料

肥肠250克。

🍴 调料

干辣椒50克，蒜、姜、葱、芝麻各适量。

🍳 制作方法

1. 肥肠洗净后加水煮熟，八成熟时起锅晾冷，切段。
2. 锅烧热后不放油，把切好的肥肠下锅，炒出肥肠中的油，不要炒的太干，起锅待用。
3. 将葱、姜、蒜、干辣椒放入油中，爆炒片刻，加入煸好的肥肠翻炒，撒上芝麻即可。

小提示
　干煸肥肠
　● 具有润燥、补虚、止渴止血的功效。

🍲 原料

水发木耳200克，青、红椒80克。

🍴 调料

葱丝、姜丝各5克，盐3克，味精适量。

🍳 制作方法

1. 水发木耳去蒂洗净，撕小朵；青、红椒洗净，去蒂及籽，切片。
2. 锅置火上，放油烧热，爆香葱丝、姜丝，加木耳、青红椒片翻炒，加盐和少量水炒熟，用味精调味即可。

青椒炒木耳

家常豆腐

🍲 原料

豆腐500克，五花肉100克，青红椒30克。

🍴 调料

葱段、豆瓣酱、酱油、料酒、盐、水淀粉、植物油各适量。

🍳 制作方法

1. 豆腐切片，五花肉切片，青红椒切片。
2. 锅置火上，放油烧热，放入豆腐片，煎呈金黄色。
3. 锅中留少许底油，炒香肉片，加豆瓣酱炒出红色，倒入酱油、料酒，再加入适量的水后放入豆腐、盐炒匀。
4. 锅烧开后改小火，将豆腐炖透，加入葱段、青红椒片，用水淀粉勾芡，待汤收汁即可。

小提示

青椒炒木耳
● 具有补气血、清肠胃、缓解疲劳、增加食欲、帮助消化的功效。

家常豆腐
● 具有补中益气、清热润燥、生津止渴、清洁肠胃的功效。

蒜苗炒豆腐

原料

豆腐300克，蒜苗50克。

调料

番茄、白糖、盐、料酒、鸡汤、花椒水、味素、淀粉、植物油、红椒各少许。

制作方法

① 将蒜苗、红椒切段。

② 锅内放油，油热后把蒜苗放入锅里炒一下，随后加上红椒段、番茄、白糖、盐、花椒水、料酒、鸡汤，汤开后把豆腐放入焖一会，见汤不多时放味素，用淀粉勾汁出锅即妥。

小提示

蒜苗炒豆腐
● 具有补中益气、清洁肠胃、消积食的功效。

麻婆豆腐
● 具有补中益气、清热润燥、生津止渴的功效。

麻婆豆腐

原料

豆腐500克，牛肉50克。

调料

豆瓣酱、肉汤、豆豉、酱油、水淀粉、辣椒粉、花椒粉、盐、味精各适量。

制作方法

① 豆腐切块，牛肉切末，豆豉剁成末。

② 将豆腐入沸水中焯烫捞出，沥干水分。

③ 锅置火上，放油烧热，放入牛肉末炒至酥软干香时盛入碗中。

④ 锅中倒油烧热，下入豆瓣酱、豆豉末、辣椒粉炒香，加入肉汤、豆腐、牛肉末、酱油、盐小火烧沸入味，放味精，用水淀粉勾芡，装盘撒上花椒粉即可。

原料

豆腐500克。

调料

葱、色拉油各15克，盐2克，味精1克，青、红椒30克。

制作方法

1. 豆腐切片，葱切成碎末，青、红椒切片。
2. 在炒锅内放入色拉油烧热，放入豆腐翻炒，到豆腐无生味时，放入精盐、味精，豆腐表皮变成黄色，放入葱末、青红椒片，翻炒均匀即可。

干炒豆腐

小提示

干炒豆腐
● 具有补中益气、清热润燥、生津止渴的功效。

皮蛋嫩豆腐
● 具有预防心血管疾病、清热润燥、生津止渴的功效。

原料

嫩脂豆腐300克，皮蛋100克。

调料

鸡精、盐、香油、红椒、葱各适量。

制作方法

1. 盒装豆腐倒扣碟中，静置片刻，倒去溢出的水，切片；葱、红椒切末。
2. 皮蛋去皮切块，摆盘，撒上鸡精、盐、香油、葱末、红椒末即可。

皮蛋嫩豆腐

芹菜炒豆干

🥣 原料

芹菜100克，豆干200克。

🍴 调料

盐、味精、香油、植物油、红椒各适量。

🍲 制作方法

① 所有材料洗净，芹菜去叶切条，豆干、红椒切条。
② 放油于锅中烧热后，再放入红椒爆香。
③ 再放入芹菜、豆干及调味料拌炒4分钟即可。

木须肉

🥣 原料

猪肉200克，鸡蛋1个，木耳20克，黄瓜30克。

🍴 调料

植物油、酱油、盐、味精、淀粉、葱末、姜末各适量。

🍲 制作方法

① 鸡蛋磕入碗内打匀，猪肉切片加淀粉、少许蛋液拌匀，木耳撕成片，黄瓜切菱形片。
② 锅内放植物油烧热，倒入蛋液，炒熟盛出。
③ 锅里再放植物油烧热，放入葱末、姜末略煸，放入肉片炒至七成熟时倒入酱油拌炒，汁水沸腾后放入木耳、黄瓜，加盐、味精，最后加入鸡蛋炒匀即可。

> **小提示**
> 芹菜炒豆干
> ● 具有平肝降压的功效。
> 木须肉
> ● 具有润肠胃、补肾气、解热毒的功效。

糖醋里脊

🐚 原料

猪里脊肉400克。

🍴 调料

盐、生抽、白糖、米醋、淀粉、蛋清、番茄酱、料酒、姜末、葱末、味精、植物油、香油各适量。

🥄 制作方法

1. 里脊肉切条，放盐、生抽、蛋清、料酒、淀粉腌渍入味；将盐、白糖、米醋、番茄酱、味精、香油、少许水调成糖醋汁。
2. 锅内放植物油烧热，放入里脊肉炸至金黄色，捞出控油。
3. 锅内留底油烧热，放入姜末、葱末炒出香味，再加糖醋汁，把炸好的里脊回锅，裹匀糖醋汁即可。

鱼香肉丝

🐚 原料

猪瘦肉250克，笋、红椒丝20克、木耳5克。

🍴 调料

葱花、姜末、蒜泥、红椒、料酒、水淀粉、酱油、醋、白糖、鸡精、植物油各适量。

🥄 制作方法

1. 木耳、猪瘦肉切丝，加料酒、水淀粉抓匀腌渍15分钟，笋切丝，红椒切丝。
2. 取碗加葱花、姜末、蒜泥、酱油、醋、白糖、料酒、鸡精、水淀粉拌匀，制成芡汁。
3. 锅置火上倒油烧热，下入肉丝滑熟盛出；原锅倒油烧热，炒香红椒，放入笋丝煸熟，投入木耳丝、红椒丝稍炒，将肉丝倒入翻炒，淋入芡汁翻炒即可。

小提示

糖醋里脊
- 具有补肾养血、滋阴润燥的功效。

鱼香肉丝
- 具有润肠胃、生津液、补肾气、解热毒的功效。

🥘 原料

五花肉300克，茶树菇50克。

🍴 调料

姜、蒜、葱头、红椒、酱油、料酒、盐、鸡精。

🍲 制作方法

1. 五花肉切片，茶树菇去掉尾部，姜切片，蒜、葱头、红椒切碎。
2. 锅里放油烧热，倒入五花肉，慢慢煎上色，放入葱头、姜、蒜和红椒爆香，倒入茶树菇，放少许酱油、料酒、盐、鸡精，拌炒均匀，放一点点水，中火慢慢翻炒一会装盘即可。

茶树菇五花肉

小提示

茶树菇五花肉
● 具有利尿渗湿、美容降血压、增强免疫力的功效。

熘肝尖
● 具有补肝、明目、养血、增强人体免疫力的功效。

🥘 原料

猪肝250克，青菜50克。

🍴 调料

食用油、酱油、料酒、盐、白糖、味精、干辣椒、水淀粉各适量。

🍲 制作方法

1. 将猪肝切片，干辣椒、青菜切段。
2. 锅内放油烧热，下猪肝滑熟后捞出，锅内留底油，下干辣椒、青菜、猪肝、酱油、盐、料酒、味精、白糖炒匀，用水淀粉勾芡即可。

熘肝尖

🍳 原料

猪腰子350克，青、红椒50克，黑木耳15克。

🍴 调料

葱末、姜末、蒜末、水淀粉、酱油、料酒、盐、味精、醋、植物油各适量。

🍳 制作方法

1. 将猪腰子切片，剞上麦穗花刀，加水淀粉和酱油抓匀，腌渍15分钟。
2. 青、红椒切片，取碗加料酒、盐、味精、酱油、醋、水淀粉拌匀，制成芡汁。
3. 锅内倒油烧热，放入猪腰子滑熟盛出沥油，原锅倒油烧热，炒香葱、姜、蒜末，加入青、红椒和木耳略炒，下入猪腰子，淋入芡汁炒匀即可。

爆炒腰花

小提示

爆炒腰花
● 具有补肾、强腰、益气、补气血、清肠胃的功效。
黑椒牛柳
● 具有增长肌肉、增加免疫力、抗衰老的功效。

🍳 原料

牛肉300克，青红椒30克，鸡蛋清1个。

🍴 调料

黑胡椒末5克，葱段、蒜末、姜片、清汤、料酒、白糖、淀粉、水淀粉、盐、植物油、味精各适量。

🍳 制作方法

1. 将牛肉洗净，切片，加盐、淀粉、蛋清抓至上劲；青红椒洗净，去蒂除籽，切块。
2. 锅置火上，倒植物油烧至五成热，下牛肉片滑炒至熟，加姜片、葱段、蒜末、黑胡椒末煸炒，出香味后加青红椒略炒，加入料酒、清汤、白糖、盐、味精调味，用水淀粉勾芡即可。

黑椒牛柳

孜然羊肉

🐷 原料

新鲜羊肉300克，香菜20克。

🍴 调料

孜然粒、盐、辣椒面、植物油各适量。

🍳 制作方法

1. 羊肉洗净，切片；香菜择洗干净，切段。
2. 锅置火上，倒油烧热，放入羊肉片不停翻炒，待肉片开始变色时加入孜然及辣椒面、盐，不断翻炒。
3. 待锅中肉渗出的汁收干时，撒入香菜段，盛出趁热吃。

宫保鸡丁

🐷 原料

鸡腿400克，去皮油炸花生米50克，鸡蛋清1个。

🍴 调料

干红辣椒、酱油、葱段、姜末、味精、肉清汤、水淀粉、花椒、料酒、蒜末、白糖、辣椒粉、醋、盐、香油各适量。

🍳 制作方法

1. 把鸡腿肉切丁，加盐、酱油、料酒腌入味，用水淀粉、鸡蛋清抓匀，将白糖、醋、酱油、味精、肉清汤、水淀粉调成芡汁。
2. 锅置火上，下油烧热，放入花椒、干红辣椒段炒成棕红色。
3. 放入鸡丁、辣椒粉炒散，烹入料酒、姜末、蒜末、葱段、芡汁，淋上香油，放入花生米炒匀即可。

小提示

孜然羊肉
● 具有温补脾胃、补肝明目的功效。
宫保鸡丁
● 具有强身健体、提高免疫力的功效。

🏮 原料

仔鸡350克，青红椒50克。

🍴 调料

料酒、水淀粉、盐、酱油、葱段、姜片、味精、植物油各适量。

🥄 制作方法

1. 鸡洗净斩块；青红椒去蒂、去籽、切圈。
2. 锅内放油烧至七成热，爆香葱段、姜片，放入鸡块煸炒至五成熟，加盐、酱油、料酒翻炒，加适量水加盖稍焖至将熟，加青红椒炒匀，放味精调味，用水淀粉勾薄芡即可。

青椒鸡块

可乐翅中

🏮 原料

鸡翅膀400克，可乐、香菜80克。

🍴 调料

火麻油、姜、盐、蒜、生抽、辣椒、熟芝麻各适量。

🥄 制作方法

1. 鸡翅膀用生抽、盐、火麻油腌制30分钟。
2. 锅内倒入火麻油，倒入鸡翅煎至变色。
3. 倒入准备好的蒜、姜、辣椒翻炒，翻炒几下，倒入可乐，大火焖10钟后收汁即可出锅，撒上熟芝麻即可。

小提示

青椒鸡块
- 具有强身健体、提高免疫力、补肾精的功效。

可乐翅中
- 具有温中益气、补精添髓、强腰健胃的功效。

香辣鸡胗

🍲 原料

鸡胗200克。

🍴 调料

料酒、姜、红辣椒、盐、葱段、蒜末、味精各适量。

🍵 制作方法

1. 红辣椒、姜切末，鸡胗切片，锅里放水，加料酒、姜、盐烧开，放入鸡胗烧3分钟捞出，过冷水放一边待用。
2. 锅里放油烧热，放入葱段、红辣椒爆炒捞起。
3. 锅里放油，放入姜末、蒜末、鸡胗翻炒，加盐，淋上料酒，放入炒好的葱段、红辣椒，加入味精炒匀即可。

小提示

香辣鸡胗
● 具有消除水肿、提高免疫力的功效。

仔姜爆鸭丝
● 具有益气补虚、滋阴补血、益气利水消肿的功效。

仔姜爆鸭丝

🍲 原料

烟熏仔鸭450克，子姜80克，芹菜50克。

🍴 调料

菜油120毫升，豆瓣25克，甜椒50克，白糖1克，酱油10毫升，醋1毫升。

🍵 制作方法

1. 将烟熏仔鸭洗净，用刀剔去骨，切成粗丝；子姜、甜椒去蒂洗净，切成细丝；芹菜洗净，切成长节；豆瓣剁细。
2. 炒锅置旺火上，下菜油烧至六成热，放入鸭丝炒至快熟，加入姜丝、甜椒丝爆炒，炒出香味，即下豆瓣炒至现红油，再加酱油、白糖和几滴醋炒匀，随即放入芹菜炒至断生，起锅入盘。

原料

带鱼750克，鸡蛋2个。

调料

油、葱段、料酒、姜片、蒜片、大料、干淀粉、白糖、醋、盐、生抽、香油各适量。

制作方法

1. 带鱼切长段，用盐、料酒腌渍半小时，放入由鸡蛋和干淀粉调成的蛋糊中挂浆。
2. 带鱼下锅炸至两面呈金黄色，捞出控油。
3. 锅内留油，放入大料、葱段、姜片、蒜片爆出香味，加白糖、料酒、生抽及清水煮至开锅，将带鱼放进锅里，烹入醋，装盘即可。

糖醋带鱼

小提示

糖醋带鱼
- 具有提高智力、预防心血管疾病的功效。

红烧平鱼
- 具有降低胆固醇、益气养血的功效。

原料

平鱼400克，香菇、水发笋片各适量。

调料

干红辣椒、植物油、姜片、葱段、蒜瓣、酱油、大料、盐、白糖、醋、料酒各适量。

制作方法

1. 将平鱼两侧各剞两道花刀，香菇对切两半，笋片切丁，干红辣椒切末。
2. 锅置火上，放油烧热，将平鱼放入炸至金黄色，捞出控油备用。
3. 锅中留底油，放入蒜瓣、葱段、姜片、大料、干红辣椒炝锅，出香味后加入盐、酱油、料酒、白糖、醋，大火烧开，下入炸过的平鱼、香菇、笋丁，小火焖熟即可。

红烧平鱼

干烧黄鱼

🍲 原料

黄鱼500克，猪肉80克，冬笋50克，草菇4朵。

🍴 调料

豆瓣酱、料酒、盐、糖、鸡精、老抽、葱、姜、蒜各适量。

🍳 制作方法

1. 冬笋、五花肉、草菇切丁，黄花鱼用盐、料酒、葱、姜、水腌好。
2. 锅中将油烧热，将黄鱼下锅煎，煎的两面定型。
3. 锅中烧油，炒葱、姜、蒜、五花肉丁炒熟，再将草菇丁和冬笋丁翻炒，再炒豆瓣酱，炒出红油，加老抽上色，炒完豆瓣酱后加水，加盐、糖、鸡精、料酒、黄鱼放入锅中烧熟装盘即可。

干炸小黄鱼

🍲 原料

小黄鱼300克。

🍴 调料

盐、料酒、葱姜汁、花椒、面粉、色拉油、花椒盐各适量。

🍳 制作方法

1. 小黄鱼放盐、料酒、葱姜汁、花椒腌渍20分钟，拣去花椒放入干面粉盆中，裹匀待用。
2. 锅内倒油烧至六成热，逐个下入裹上面粉的小黄鱼，炸至金黄色，捞出，待油温升至八成热，再复炸一遍，使之焦脆。炸好的小黄鱼用花椒盐蘸食即可。

> **小提示**
>
> 干烧黄鱼
> ● 具有健脾益气、开胃消食的功效。
> 干炸小黄鱼
> ● 具有延缓衰老、补充氨基酸的功效。

🦑 原料

鲜鱿鱼350克，芹菜50克。

🍴 调料

花椒粒、干辣椒、大蒜、姜、葱、盐、味精、食用油、油辣子各适量。

🥢 制作方法

1. 将鲜鱿鱼切丝，干锅加入鱿鱼丝，煸干水分，装盘备用。
2. 姜、蒜切丝后装碗；将干辣椒去蒂，掰成两节入碗；将花椒粒入小碗。
3. 热锅入食用油烧热，下姜、蒜爆香，再下干辣椒和花椒粒、鱿鱼丝炒半分钟，加入油辣子上色、上味，将洗好切段的芹菜和葱加入锅中爆炒，最后加入少许盐及味精调味。

爆炒鱿鱼丝

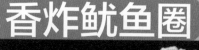

香炸鱿鱼圈

🦑 原料

鲜鱿鱼300克，鸡蛋1个，面包糠适量。

🍴 调料

植物油、盐、胡椒粉、淀粉、番茄酱各适量。

🥢 制作方法

1. 将鱿鱼收拾干净，顶刀切成圈，用盐、胡椒粉抹匀略腌。
2. 鸡蛋磕开放碗里打散，鱿鱼蘸少许淀粉，依次裹蛋液、面包糠备用。
3. 锅内放油烧至六成热，下鱿鱼炸至表皮酥脆、颜色金黄后捞出装盘，配番茄酱即可。

小提示

爆炒鱿鱼丝
● 具有防治贫血、缓解疲劳的功效。
香炸鱿鱼圈
● 具有健脑益智、保护肝脏、延缓衰老的功效。

水晶虾仁

🥘 原料

虾仁300克，鲜牛奶、鸡蛋清各50克。

🍴 调料

淀粉、料酒各5克，盐3克。

🍳 制作方法

1. 虾仁洗净，挑去虾线，加上盐、淀粉、料酒腌渍15分钟。
2. 牛奶、鸡蛋清、淀粉、盐和腌虾仁同放碗中，充分搅拌均匀。
3. 锅置火上，放油烧热，倒入拌匀的牛奶、虾仁，用小火翻炒，炒至牛奶刚熟，凝结成块，起锅装盘即可。

小提示

水晶虾仁
● 具有保护心血管、通乳汁的功效。

香辣基围虾
● 具有增强人体免疫力、缓解神经衰弱的功效。

香辣基围虾

🥘 原料

基围虾400克。

🍴 调料

干红辣椒、蒜末、姜末、洋葱末、香葱末、酱油、醋、料酒各5克，花椒2克。

🍳 制作方法

1. 基围虾剪去虾须和头前端的尖刺，用刀将虾片成两半，头部连着，洗净，沥干。
2. 锅置火上，放油烧热，放入虾滑熟，捞出；锅底留油烧至五成热，放入花椒、干红辣椒炸香，放蒜末、姜末、洋葱末一起爆炒，倒入虾大火翻炒数下，加入醋、酱油和料酒，大火烧沸收汁，装盘即可。

🍲 原料

飞蟹800克。

🍴 调料

葱段、姜片、盐、胡椒粉、芝麻油、面粉、植物油各适量。

🍳 制作方法

1. 将飞蟹处理干净，剁成大块，蘸匀干面粉，下入热油锅中炸至金黄色，捞出，沥油备用。
2. 锅内倒入植物油烧热，放葱段、姜片炒香，再放入飞蟹，添加适量清水，加盐、胡椒粉调味，大火烧至收汁，再淋上芝麻油即可。

葱姜炒蟹

小提示

葱姜炒蟹
● 具有清热解毒、补骨添髓、养筋活血的功效。

腰果炒虾仁
● 具有延缓衰老、润肠通便、润肤美容、延缓衰老的功效。

🍲 原料

虾仁、腰果、葱各适量。

🍴 调料

葱花、蒜片、姜、鸡蛋、油、料酒、醋、盐、味精、水淀粉、香油、汤各适量。

🍳 制作方法

1. 将大虾剥出虾仁，挑去虾线；蛋白打散，加盐、料酒、淀粉搅拌均匀，将虾仁放下去，抓匀糊，拌一下。
2. 锅内加油，先炸腰果，捞出，放在一边，凉着；锅内冉放虾仁，滑开，停片刻倒出，沥净油。
3. 原锅放少量油，加葱、蒜、姜、料酒，加醋、盐、味精、汤、虾仁、腰果颠锅，淋香油，出锅即成。

腰果炒虾仁

葱烧海参

🥘 原料

水发海参250克。

🍴 调料

大葱100克，高汤20克，酱油5克，花椒油、盐各3克，植物油适量。

🍳 制作方法

1. 将海参切开、洗净，切条；大葱洗净，取葱白切成条。
2. 锅置火上，加水烧开，将海参焯一下备用。
3. 锅置火上，放油烧热，煸炒大葱至出香味。加海参、高汤、盐、酱油、花椒油，烧至汤浓即可。

温拌海螺

🥘 原料

海螺200克，红椒30克。

🍴 调料

葱、姜、盐、糖、生抽、米醋、味精、油各适量。

🍳 制作方法

1. 海螺洗净，入凉水锅内，大火煮开，开锅后转中小火煮12分钟，用筷子取出螺肉，凉后切片。
2. 红椒、葱姜切丝，拌入螺肉，调入适量盐、糖、生抽、米醋、味精拌匀，把热油浇上即可。

> **小提示**
>
> **葱烧海参**
> ● 具有美容养颜、降低血糖的功效。
> **温拌海螺**
> ● 具有清热明目、利膈益胃的功效。

🐷 原料

蛤蜊400克。

🎏 调料

红辣椒、洋葱、青椒、高汤、姜片、蒜片、红油、酱油、蚝油、花雕酒、白糖、水淀粉各适量。

🥄 制作方法

① 将蛤蜊泡在盐水中吐沙，洗净；洋葱洗净，切丝；红辣椒洗净切粒；青椒洗净，切段。

② 炒锅爆香青椒、红椒，洋葱、姜片、蒜片，加酱油、蚝油、花雕酒、白糖及高汤，倒入蛤蜊翻炒。炒至蛤蜊开口，最后勾薄芡，淋入红油即可。

香辣蛤蜊

酱爆文蛤

🐷 原料

花蛤400克。

🎏 调料

油、盐、姜、葱、蒜、花椒、金格勒酱、料酒、干椒段各适量。

🥄 制作方法

① 准备好吐过沙、清洗干净的花蛤，葱姜蒜切末备用。

② 花蛤入沸水中汆烫至壳开，捞出沥干水。

③ 锅中放油烧热，先放入花椒、干椒段炒香。再放入葱姜蒜末爆香，将沥干水分的花蛤放入锅内，烹入料酒，加入金格勒酱，大火翻炒均匀爆炒至汤汁收干、撒入香葱即可。

小提示

香辣蛤蜊
● 具有滋阴生津、软坚散结、利小便的功效。

酱爆文蛤
● 具有润五脏、止消渴、健脾胃、增乳液的功效。

原料

五花肉300克，红、青尖椒100克。

调料

食用油10克，老抽、盐、料酒、白砂糖各2克，蒜20克。

制作方法

1. 蒜切片，红、青尖椒切片待用。
2. 炒锅倒油烧热，下肉片煸炒，炒至表皮焦香出油，将肉片盛出待用。
3. 锅内留底油，下蒜片、红、青尖椒煸炒，加少许盐炒匀，将五花肉片下锅与红、青尖椒一同翻炒均匀，锅内加入少许料酒，调入白砂糖、盐适量、少许老抽翻炒均匀即可。

农家小炒肉

小提示

农家小炒肉
● 具有补肾养血、滋阴润燥、消除疲劳的功效。

鱼香肉丝
● 具有补气血、减肥、清肠胃的功效。

原料

里脊肉300克，木耳、胡萝卜、蒜薹各50克。

调料

葱、蒜、姜、剁椒、蚝油、淀粉、糖、盐、醋、料酒各适量。

制作方法

1. 猪肉、木耳、胡萝卜切成丝，蒜薹切段，葱、姜、蒜切末，肉丝中加入适量的盐、料酒、淀粉抓匀；碗中加入醋、糖、盐、蚝油、水拌匀；木耳和胡萝卜焯一下备用。
2. 热锅下油，放肉丝拨散，加入葱、姜、蒜、剁椒炸香，加入胡萝卜、木耳、蒜薹炒好，加入调味汁拌匀即可。

鱼香肉丝

Part 4 汤煲篇

紫菜蛋花汤

🍲 原料

紫菜80克，虾米30克，鸡蛋1个。

🍴 调料

精盐、味精、葱花、香油各适量。

🍳 制作方法

1 将紫菜撕碎放入碗中，加入虾米。
2 在锅中放入适量的水烧开，然后淋入拌匀的鸡蛋液。
3 等鸡蛋花浮起时，加盐、味精，然后将汤倒入紫菜碗中，淋2滴香油即可。

小提示

紫菜蛋花汤
● 具有化痰软坚、清热利水、补肾养心的功效。 ⬆

番茄排骨土豆汤
● 具有减缓色斑、延缓衰老、健胃消食的功效。 ⬇

番茄排骨土豆汤

🍲 原料

小排250克，番茄、土豆各100克。

🍴 调料

油、盐、料酒、葱姜各适量。

🍳 制作方法

1 排骨放入开水锅中焯出血水，捞出洗净。
2 排骨重新放入锅中，加适量水、料酒和葱姜，大火烧开转小火加入土豆、番茄烧至土豆煮熟，加入盐即可。

🍲 原料

榨菜、猪里脊肉各150克。

🍴 调料

葱1支，姜2片。

🥄 制作方法

1. 猪里脊肉洗净，切丝，榨菜洗净，姜去皮，均切丝；葱洗净，切末备用。
2. 锅中倒入6杯水烧开，放入姜丝、榨菜煮滚，再放入肉丝煮熟，撒上葱末即可盛出。

榨菜肉丝汤

小提示

榨菜肉丝汤
● 具有补肾养血、滋阴润燥、缓解疲劳的功效。

平菇肉片汤
● 具有舒筋活血、延年益寿、增强免疫力的功效。

🍲 原料

平菇500克，猪里脊肉100克，木耳、青菜各50克，鸡蛋1个。

🍴 调料

盐、味精、鸡精、淀粉各适量。

🥄 制作方法

1. 将平菇洗净，去根，焯水待用；猪里脊肉洗净，切薄片，用淀粉、鸡蛋清上浆待用；木耳洗净撕片，青菜洗净备用。
2. 锅置火上，倒入适量清水烧开，放入平菇、木耳、青菜，煮开后倒入已上浆的猪肉片烧沸，加入调料即可。

平菇肉片汤

番茄排骨汤

🥘 原料

猪排骨300克，小番茄100克

🍴 调料

葱花、花椒粉、酱油、料酒、淀粉、盐、鸡精、植物油各适量。

🍲 制作方法

① 猪排骨洗净，剁成小块，用酱油、料酒拌匀，腌制20分钟，裹上淀粉，用植物油炸熟；小番茄洗净，切块。

② 锅入油烧热，放入葱花和花椒粉炒香，倒入排骨翻炒均匀，加清水烧沸，加入小番茄煮3分钟，用盐和鸡精调味，即可。

豌豆肥肠汤

🥘 原料

猪大肠250克，豌豆粒50克。

🍴 调料

葱花、葱段、姜片、花椒粉、盐、鸡精、植物油各适量。

🍲 制作方法

① 猪大肠清洗干净，放入沸水锅中煮熟，捞出，晾凉，沥干水分，切段；豌豆粒洗净。

② 汤锅置火上，倒入适量水，放入葱段、姜片，倒入猪大肠和豌豆粒翻炒均匀，加适量清水煮至豌豆熟烂，用盐和鸡精调味，出锅放入葱花即可。

> **小提示**
>
> 番茄排骨汤
> ● 具有健胃消食的功效。
> 豌豆肥肠汤
> ● 具有排毒养肝、清热解毒的功效。

🐷 原料

牛蹄筋200克。

🍴 调料

生姜、盐、料酒、葱各适量。

🥄 制作方法

1️⃣ 将牛蹄筋洗净，然后用高压锅煮。

2️⃣ 再将牛蹄筋放入铁锅中煮，然后调入生姜、盐、料酒、葱煮熟即可。

牛蹄筋汤

🐷 原料

白萝卜、牛腱各200克。

萝卜牛肉汤

🍴 调料

姜2片，酒、盐、葱各适量。

🥄 制作方法

1️⃣ 将牛腱洗净，切成条块状备用；将白萝卜洗净后切块备用；将牛腱氽烫后捞起备用；葱切末。

2️⃣ 把水煮开，放入牛腱、白萝卜、姜片、葱末炖煮1.5小时，然后再加入酒、盐调味即可。

小提示

牛蹄筋汤
● 具有益气补虚、延缓皮肤衰老、强筋壮骨的功效。

萝卜牛肉汤
● 具有增长肌肉、增加免疫力、促进康复、补铁补血的功效。

青菜蘑菇汤

🐷 原料

青菜100克，蘑菇50克，木耳10朵。

🍴 调料

葱、姜、盐、胡椒粉、高汤精、香油各适量。

🥄 制作方法

1. 青菜洗净，木耳提前泡发洗净备用，蘑菇撕小朵，用淡盐水浸泡再洗净。
2. 炒锅倒油，烧热爆香葱、姜，倒入蘑菇和木耳翻炒片刻关火，把炒过的蘑菇和木耳倒入汤锅中，加入适量的清水煮上5分钟，加入盐调味，再次煮上5分钟，加入胡椒粉和高汤精，放入青菜，青菜变软加香油关火。

小提示

青菜蘑菇汤
● 具有提供营养、强身健体的功效。 🔼

羊肉炖萝卜
● 具有温补脾胃、温补肝肾、补血温经的功效。 🔽

羊肉炖萝卜

🐷 原料

羊排200克，白萝卜100克。

🍴 调料

盐、香菜末、花椒、大料、葱、姜、蒜各适量。

🥄 制作方法

1. 羊肉用清水浸泡；白萝卜切块。
2. 羊肉用沸水浸一下，去掉血沫，然后下清水锅里煮40分钟，里面加上花椒、大料、葱、姜、蒜、盐，待羊肉炖烂，把萝卜块下到锅里再炖10分钟，撒上香菜末即可。

🍖 原料

仔排、萝卜各150克。

🍴 调料

姜片，盐、鸡精、葱花、葱段各适量。

🥄 制作方法

① 萝卜去皮切块，排骨洗净切块。

② 锅中加入冷水、姜片、排骨，水开后有浮沫捞出来，然后加葱段继续大火烧20分钟，倒入萝卜，大火烧开，然后转小火，一个小时后加点盐、鸡精、葱花起锅。

排骨萝卜汤

小提示

排骨萝卜汤
● 具有补充蛋白质和脂肪酸、补钙的功效。

清炖羊肉
● 具有和中养胃、健脾利湿、降糖降脂、美容养颜的功效。

🍖 原料

羊腿300克，土豆、胡萝各100克。

🍴 调料

食盐、香菜、花椒、葱白、姜、胡椒粉、白胡椒各适量。

🥄 制作方法

① 羊腿斩段，土豆、胡萝卜切块，葱白切段，姜切大块拍碎。

② 羊腿过开水捞入汤锅，加适量水、花椒大火加热，然后将所有材料都加到汤褒中，大火烧开，去泡沫，转中小火慢慢煲至少1钟头以上。出锅后酌量加盐和胡椒粉，撒上香菜即可。

清炖羊肉

土鸡汤

🍲 原料

土鸡1500克，大枣30克。

🍴 调料

大葱白、姜、枸杞、盐各适量。

🍳 制作方法

1. 土鸡洗净，控水；入开水锅中焯2分钟，捞出。
2. 另起锅，放入焯好的土鸡，加入葱、姜、热水，大火烧开；转小火炖一小时，捞出葱、姜丢掉；再加入大枣和枸杞，小火继续炖30分钟；起锅前调入适量盐即可。

浓汤娃娃菜

🍲 原料

娃娃菜250克。

🍴 调料

盐、高汤、湿淀粉、鸡精、香油各适量。

🍳 制作方法

1. 娃娃菜洗净，整棵入沸水中焯熟，捞出，沥干水分，装盘。
2. 汤锅置火上，加适量高汤大火煮沸，转中火煮5分钟，用盐、香油、鸡精调味，湿淀粉勾芡，浇在娃娃菜上即可。

> **小提示**
>
> **土鸡汤**
> ● 具有降血压、降胆固醇的功效。
> **浓汤娃娃菜**
> ● 具有促进消化、解渴利尿的功效。

原料

嫩豆腐汤200克。

调料

盐、味精、小麻油、葱花各适量。

制作方法

1. 嫩豆腐切厚片。
2. 起汤锅，放水1大腕。先倒入豆腐，加盐适量，用大火烧沸汤，继续烧开5分钟，加味精，淋上小麻油，表面撒点葱花，装碗。

豆腐汤

原料

鱼头500克，豆腐200克，青菜20克。

调料

盐、糖、醋、米酒、葱、姜、白胡椒粉各适量。

制作方法

1. 鱼头洗净，从中间劈开，剁成大块，用纸巾蘸去水分；豆腐切片，姜洗净切片，葱切段。
2. 大火烧热炒锅，下油烧热，将鱼头块入锅煎3分钟，表面略微焦黄后加入汤，大火烧开，放醋、米酒煮沸，放入葱段、姜片和青菜，盖锅焖炖20分钟，调入盐和糖，撒入白胡椒粉即可。

鱼头豆腐汤

小提示

豆腐汤
● 具有预防心血管疾病、生津止渴的功效。

鱼头豆腐汤
● 具有补充蛋白质、补中益气、清热润燥的功效。

平桥豆腐羹

🍲 原料

豆腐、香菇、竹笋、火腿肠、肉丝各80克。

🍴 调料

盐、芡粉、香油、香菜各适量。

🍳 制作方法

1. 将竹笋切丝；香菇切长块；豆腐切丁；火腿肠也切丁；肉用食用盐腌制十分钟待用。
2. 锅里放沸水，倒入肉丝、香菇、竹笋、火腿肠，加盐调味，烧开后准备先勾点芡粉，辅料勾过芡后，加豆腐烧开后勾芡，出锅前加入香油和香菜即可。

小提示

平桥豆腐羹
● 具有补中益气、清热润燥、生津止渴、清洁肠胃的功效。

蘑菇汤
● 具有促进食欲、通便排毒、止咳化痰的功效。

🍲 原料

蘑菇200克，鸡蛋30克。

🍴 调料

油、盐、葱花各适量。

🍳 制作方法

1. 蘑菇洗净切片，鸡蛋打散，略加盐。
2. 热锅加少量油，下入葱花爆香，随后下入蘑菇片爆炒30秒，加入冷水，水烧开后放入鸡蛋煮沸，加盐调味即可。

蘑菇汤

🥘 原料

银耳、红枣各150克。

🍴 调料

冰糖适量。

🍳 制作方法

1. 银耳用冷水泡两个小时；红枣洗净，把枣核切出来，银耳去蒂撕成小块。
2. 沙锅中放入清水、红枣、银耳，大火煮沸，转小火煮40分钟，最后放冰糖再煮15分钟左右即可。

红枣银耳汤

小提示

红枣银耳汤
● 具有清热健胃、增加免疫力的功效。

黄瓜皮蛋汤
● 具有清热利水、生津止渴的功效。

🥘 原料

黄瓜200克，无铅皮蛋50克。

🍴 调料

姜末、盐、植物油各适量。

🍳 制作方法

1. 将黄瓜去皮后切成片；皮蛋洗净后切成块备用。
2. 锅中放油烧热，放入姜末、皮蛋，将皮蛋煎成金黄色放入盐调味，锅中放入黄瓜翻炒，加入开水大火烧开，待汤色变白后即可。

黄瓜皮蛋汤

菠菜羹

🍲 原料

菠菜300克，玉米粒100克，蛋白30克。

🍴 调料

高汤、盐、味精、太白粉、胡椒粉、麻油各适量。

🍳 制作方法

1. 菠菜用开水烫软，放入冷水中漂凉，取出切细末。
2. 高汤烧开，加入玉米粒、菠菜稍煮片刻，加入盐、味精调味，以太白粉水勾芡，最后淋下蛋白，撒点胡椒粉及麻油即可。

黄瓜汤

🍲 原料

黄瓜100克。

🍴 调料

淀粉、盐各适量。

🍳 制作方法

1. 黄瓜去皮，瓜肉用刮刨刮成长薄的宽片。
2. 锅内加冷水烧沸，加入黄瓜片、盐；冷水化开1勺淀粉，倒入锅中，水开即可。

> **小提示**
>
> 菠菜羹
> ● 具有抗衰老、增强抗病能力的功效。
> 黄瓜汤
> ● 具有清热利水的功效。

原料

排骨700克，莲藕300克。

调料

生姜、盐、葱花各适量。

制作方法

1. 生姜切片，将生姜皮和排骨一起下入清水锅中，煮开后继续煮三四分钟，将排骨捞起沥干。莲藕去皮切块，撒上少许盐拌匀，腌10分钟左右。
2. 将排骨和生姜片放进砂锅煲中，加入足够量的清水烧开后，加盖转小火炖1小时左右，将莲藕下入汤煲中，继续小火炖1小时肉烂藕粉之时，加适量盐，转中火滚开煮10分钟左右，撒上葱花即可。

排骨莲藕汤

南瓜红枣羹

原料

南瓜200克，红枣6颗，莲子20克，银耳10克。

调料

冰糖20克。

制作方法

1. 南瓜去皮切成小块。银耳、红枣、莲子在冷水中浸泡至泡发洗净。
2. 汤煲中加足量水，放入银耳、莲子，中火煮10分钟，加入南瓜转至小火慢炖15分钟，加入红枣小火慢炖8分钟，转至大火炖5分钟，再转小火放入冰糖炖煮5分钟即可。

小提示

排骨莲藕汤
● 具有强健胃黏膜、预防贫血、调补脾肾、滋肾养肝、补髓益血的功效。
南瓜红枣羹
● 具有降血糖、降血压、补中益气、消炎止痛的功效。

🐷 原料

青菜、粉条各100克。

🍴 调料

面粉、味精、盐、胡椒粉、香油、枸杞各适量。

🍳 制作方法

① 先泡上一些粉条，将面粉加水和匀，面糊要比较稀一点。

② 锅中把水烧开，将青菜、粉条放入，烧热后放入面糊，不停地搅拌均匀，使汤和面充分混合，汤烧开后，放入味精、盐、胡椒粉、枸杞，加入几滴香油即可出锅。

忆苦思甜汤

小提示

忆苦思甜汤
● 具有润泽皮肤、延缓衰老的功效。 ⬆

醪糟蛋花汤
● 具有促进食欲、温寒补虚、提神解乏、解渴消暑的功效。 ⬇

🐷 原料

醪糟100克，鸡蛋50克。

🍴 调料

淀粉、白糖、枸杞各适量。

🍳 制作方法

① 锅中倒入水烧开，下去醪糟，再次等水开，将打好的鸡蛋均匀倒入锅中。

② 把淀粉和水混合后搅拌均匀，倒入锅中，根据自己的喜好倒入适量的白糖，撒上枸杞即可。

醪糟蛋花汤

🍖 原料

豆腐200克，娃娃菜100克。

🍴 调料

葱、盐、味极鲜各适量。

🥘 制作方法

① 豆腐切块，娃娃菜切块待用。
② 电饭锅添水，水开后将豆腐、娃娃菜放入锅中，煮半个小时，加入葱，用盐和味极鲜调味即可。

白菜豆腐汤

小提示

白菜豆腐汤
● 具有提供营养、强身健体、润泽皮肤、延缓衰老的功效。

蟹粉豆腐羹
● 具有清热解毒、补骨添髓、养筋活血的功效。

🍖 原料

豆腐200克，鸡蛋50克，螃蟹100克。

🍴 调料

生姜、葱花、料酒、水淀粉、盐、鸡精、胡椒粉各适量。

🥘 制作方法

① 螃蟹蒸熟，剔出肉；将豆腐放入盐水锅里面焯一遍，捞出切块；生姜剁碎。
② 油加热后煸香姜末，加入蟹肉稍微炒十几秒钟，加入豆腐、水、盐、鸡精、料酒烧开；鸡蛋打撒；锅开后先淋入水淀粉搅匀，再加入鸡蛋液，再次烧开，撒点葱花、胡椒粉即可。

蟹粉豆腐羹

肚条汤

🍲 原料

猪肚300克，豆芽100克，蛋白30克。

🍴 调料

老姜、猪油、醋、味精、盐、干酒、葱花各适量。

🍳 制作方法

1. 猪肚用醋反复揉搓后洗净，放入沸水锅中焯水，刮去肚头上的白苔，剔去油筋，再用温热水洗净，放入沸水锅中，同干酒、姜块煮熟后捞起沥干，切成一字条。
2. 锅中掺猪油烧热，放入豆芽煸炒断生后掺入原汤，放入老姜，待熬出味后放入肚条，打去浮沫，下盐、干酒、味精后，撒上葱花即成。

荠菜肉丝豆腐羹

🍲 原料

荠菜100克，猪肉20克，豆腐250克。

🍴 调料

猪油20克，大葱、姜各5克，淀粉15克，盐、味精、白糖、香油、胡椒粉各适量。

🍳 制作方法

1. 荠菜切成细末，嫩豆腐切块，入沸水锅中焯水，捞起沥干。猪肉切丝，盛放碗内，加入盐、味精、淀粉拌匀上浆。葱、姜切段。
2. 将锅放入猪油烧热放入葱、姜爆香，下入猪肉丝，加入料酒翻炒数下出锅备用，将碗中的余油沥入炒锅中加热，拣去葱段、姜片，倒入荠菜煸炒，加入豆腐块、猪肉丝、盐、白糖和水烧沸，调入味精，再用淀粉勾成稀茨，淋上香油，撒上胡椒粉，即可。

> **小提示**
>
> 肚条汤
> ● 具有健脾胃、补气补虚的功效。
> 荠菜肉丝豆腐羹
> ● 具有降血压、促进肠胃蠕动的功效。

😺 原料

猪瘦肉50克，水发木耳、胡萝卜各50克，鸡蛋1个。

🍴 调料

酱油、盐、水淀粉、醋、胡椒粉、香油、清汤各适量。

🥄 制作方法

1. 猪瘦肉放入沸水中煮20分钟，取出放凉，切细丝；木耳、胡萝卜切丝；鸡蛋磕入碗中，打散备用。
2. 锅内加清汤和煮肉的汤，烧开，加入猪肉、胡萝卜、木耳煮开，加酱油和盐调味，煮开后用水淀粉勾芡，淋蛋液成蛋花，加醋、胡椒粉和香油，大火煮10秒即可。

酸辣汤

发菜三丝羹

😺 原料

湿发菜50克，笋丝、香菇丝、胡萝卜丝各50克。

🍴 调料

盐、味精、老抽、上汤、二汤、胡椒粉、湿淀粉、花生油、料酒各适量。

🥄 制作方法

1. 笋丝、香菇丝、胡萝卜丝、发菜分别用沸水汆过，捞出沥干。
2. 起油锅烧热，烹料酒，加入上汤、二汤，放入笋丝、香菇丝、胡萝卜丝和发菜，加盐、味精调味，用老抽调成浅红色，撒胡椒粉，用湿淀粉勾芡，淋熟花生油推匀，倒在汤盆中即成。

小提示

酸辣汤
● 具有润肠胃、生津液、补肾气、解热毒的功效。
发菜三丝羹
● 具有清热化痰、益气和胃、延缓衰老的功效。

原料

冬瓜300克，咸肉100克。

调料

香葱、姜、盐各适量。

制作方法

1. 咸肉切片，冬瓜切块。
2. 锅内入少许油，煸香葱、姜，入适量的水、咸肉片，入适量的盐调味，盖锅盖煮，水开后转中火煮一会儿，倒入切好的冬瓜块，用铲轻推，再盖上锅盖，煮到冬瓜变成半透明即可关火，起锅装盆即可。

咸肉冬瓜汤

小提示

咸肉冬瓜汤
● 具有减肥降脂、护肾、清热化痰的功效。

玉米排骨汤
● 具有降血压、降血脂、增加记忆力、抗衰老的功效。

原料

排骨200克，水果玉米100克。

调料

姜、八角、盐各适量。

制作方法

1. 锅中烧水，将排骨放入，焯水去血沫，将排骨捞出，冲洗干净。
2. 电紫砂锅内放入足量的清水，将排骨放入，水果玉米切段，连同姜、八角一同入锅，盖上盖子，焖上4个小时，放入少许盐调味即可。

玉米排骨汤

原料

猪排骨300克，莲藕200克，枸杞10克。

调料

盐5克，鸡精、胡椒粉各2克，葱段、姜片、料酒各适量。

制作方法

① 猪排骨剁块，莲藕切块。

② 锅内加水煮沸，放葱段、料酒、猪排骨块及部分姜片，焯去血水，捞出。

③ 煲锅置火上，倒入适量清水，放入猪排骨块、藕块、枸杞及剩余姜片煮沸，转小火煲约1.5小时，加盐、鸡精、胡椒粉调味即可。

莲藕排骨枸杞汤

小提示

莲藕排骨枸杞汤
● 具有清热生津、预防贫血、改善肠胃、止血的功效。

猪手黄豆汤
● 具有美容抗衰老、促进生长的功效。

原料

猪手400克，黄豆200克。

调料

八角、盐、姜片、葱花各适量。

制作方法

① 洗干净买回来的猪手。黄豆洗干净。把猪手用水焯一下，去腥味，捞出，中间切一刀，备用。

② 把猪手和黄豆放入高压锅中，加姜片和八角，加半锅水没过猪手即可，盖上高压锅盖，中火高压20分钟，开锅盖，将猪手捞出，切大块，将猪手和黄豆汤装碗，撒少许盐和葱花即可。

猪手黄豆汤

竹荪丝瓜汤

🍲 原料

丝瓜300克，竹荪100克。

🍴 调料

盐、浓缩鸡汁、香油、白胡椒粉各适量。

🍳 制作方法

1. 丝瓜去皮切条，竹荪用温水泡软后处理干净，挤干水分后备用。
2. 烧开一锅水，放进丝瓜，煮熟后加竹荪，再加点盐、浓缩鸡汁、香油和少许白胡椒粉，再次烧开即可。

猪肺汤

🍲 原料

猪肺200克，青菜100克。

🍴 调料

盐、植物油各适量。

🍳 制作方法

1. 猪肺洗净，将猪肺切块下锅里煮，将泡沫撇去，将煮过的猪肺放水里冲洗干净。
2. 热锅冷油下猪肺翻炒，加入半锅水、青菜，汤开后小火炖一小时，调入少量盐即可。

> **小提示**
>
> 竹荪丝瓜汤
> ● 具有补气养阴、润肺止咳的功效。
> 猪肺汤
> ● 具有补虚、止咳、止血的功效。

🥢 原料

豆腐400克，水发冬菇50克，熟冬笋50克，熟鸡脯肉50克，黄瓜50克。

🍴 调料

香油、精盐、味精、胡椒粉、鸡清汤、葱花各适量。

🥄 制作方法

1. 冬菇、冬笋、鸡脯肉、黄瓜均切成丝。
2. 锅置火上，放清水烧沸，下入豆腐丝焯一下，除去豆腥味。
3. 锅洗净，放入鸡清汤、冬菇、冬笋、火腿、鸡脯肉、黄瓜，旺火烧开，撇去浮沫，加精盐、味精，放入豆腐丝，用中小火烧至豆腐丝浮上汤面，盛入大汤碗中，撒上葱花、胡椒粉，淋上香油即可。

文丝豆腐汤

虾仁冬瓜汤

🥢 原料

冬瓜300克，沙虾250克。

🍴 调料

盐、橄榄油、猪骨汤、冬菜、香菜各适量。

🥄 制作方法

1. 将冬瓜去皮切粒，将沙虾去壳去虾肠，用适量的食盐腌制一会。
2. 先煲好的猪骨汤，放入虾壳，盖锅盖大火煮15分钟，捞起虾壳，放入冬瓜、虾仁，倒入适量的橄榄油、冬菜煮10分钟，捞起泡沫，撒上香菜叶即可。

小提示

文丝豆腐汤
● 具有补中益气、清热润燥、生津止渴、清洁肠胃的功效。
虾仁冬瓜汤
● 具有保护心血管、通乳汁、清热化痰的功效。

Part 5 主食篇

🍲 原料

米饭200克，鸡蛋50克，青、红椒适量。

🍴 调料

盐、黑胡椒粉、葱末各适量。

🍳 制作方法

1 青、红椒切丁，鸡蛋打成鸡蛋液，将米饭倒入，搅拌均匀。

2 锅内放油烧热，转中火，将浸泡过蛋液的米饭倒入，用筷子不断搅拌，直至米饭颗粒分明，加入青、红椒丁翻炒均匀，再往里加盐、黑胡椒粉、葱末，再翻炒均匀即可。

蛋炒米饭

小提示

蛋炒米饭
● 具有补中益气、健脾养胃、明目、止烦的功效。

红薯饭
● 具有补脾、和胃、清肺、提高免疫力的功效。

🍲 原料

大米150克，红薯50克，枸杞适量。

🍴 调料

糖适量。

🍳 制作方法

1 大米淘洗净；红薯去皮，洗净切块。

2 将大米和红薯块一同倒入电饭锅内，加适量水蒸熟即可。

红薯饭

南瓜焖饭

🐨 **原料**

大米、南瓜各300克。

🍴 **调料**

盐、色拉油各适量。

🔥 **制作方法**

1. 将大米清水浸泡30分钟，南瓜去皮切丁备用。
2. 浸泡好的米倒入电饭锅，加清水倒入南瓜丁，滴少许色拉油，加少许盐，搅拌均匀，米饭煮好，继续在锅中焖15分钟即可。

茄丁卤面

🐨 **原料**

面条150克，茄子、瘦肉各80克，西红柿50克。

🍴 **调料**

八角、大蒜、香叶、花椒、料酒、盐、葱、姜、糖、鸡粉、生抽、老抽、植物油各适量。

🔥 **制作方法**

1. 瘦肉切块加料酒、盐腌制15分钟；生抽两份、老抽一份加花椒、八角、香叶蒸10分钟。
2. 锅内留少量油，加葱、姜爆香，加肉煸炒，茄子切块入油锅炸软，西红柿切块，加茄子、蒜以及蒸好的酱油继续炒，加西红柿慢慢炒出水分，加盐、糖、鸡粉，待汤汁黏稠适度时关火。茄丁卤浇在面条上即成。

小提示

南瓜焖饭
- 具有降血糖、降血压的功效。

茄丁卤面
- 具有抗衰老、清热解暑的功效。

🐨 原料

切面300克。

🍴 调料

盐、葱末、姜、鸡精、酱油、猪油、白糖、料酒、桂皮、大料、高汤各适量。

🍲 制作方法

1. 坐锅点火放入少许猪油，下桂皮、大料炸出香味，再放入葱姜煸炒，加入料酒、酱油、白糖、盐、鸡精，倒入高汤烧开后转小火煮20分钟；
2. 将煮好的汤汁倒入碗中，坐锅将面条煮熟捞出沥干水分，放入汤汁中拌匀，撒上葱末即可。

葱油拌面

鸡蛋炝锅面

🐨 原料

面100克，鸡蛋、青菜、西红柿各50克。

🍴 调料

油、盐、老抽、黄豆酱、鸡精、姜、蒜各适量。

🍲 制作方法

1. 青菜洗净，西红柿洗净切块。
2. 鸡蛋炒好，加入姜、蒜等香气溢出，加入黄豆酱炒香，加入水、老抽上色，鸡精和盐同时放，锅开下挂面，煮3分钟左右，然后放入青菜煮熟即可。

小提示

葱油拌面
● 具有温肾壮阳、温中祛寒、温经止痛的功效。
鸡蛋炝锅面
● 具有健脑益智、保护肝脏、延缓衰老的功效。

🍲 原料

青菜60克，鸡蛋50克。

🍴 调料

高精粉、盐、鸡精、胡椒粉、汤皇、白芝麻各适量。

🍳 制作方法

1. 将高精粉加盐拌匀，加水调成面团，和匀饧30分钟；将蛋煎成荷包蛋。
2. 将饧好的面放在案板上，搓成长条，盘入油盘内，直至将和好的面盘完。
3. 将盘好的面直接甩拉进开水锅内，加入青菜，煮熟捞入碗中，把滚烫的骨汤加入盐、鸡精、胡椒粉、汤皇调味，倒入面内，面上再摆上荷包蛋，撒上白芝麻即可。

长寿面

小提示

长寿面
● 具有减肥降脂、护肾、清热化痰的功效。

芝麻叶面条
● 具有保护肠胃、促进消化、增强机体免疫力的功效。

🍲 原料

面条200克，干芝麻叶50克。

🍴 调料

盐、香油、十三香、鸡精、葱花各适量。

🍳 制作方法

1. 先把干芝麻叶用温水浸泡30分钟洗净，放入盐、香油搅拌均匀。
2. 在锅中放入三碗水，加入芝麻叶和面条，待煮开后放入盐、十三香、鸡精、葱花搅拌均匀即可。

芝麻叶面条

🍖 原料

面条200克，玉米面100克，胡萝卜、青菜各50克。

🍴 调料

盐、味精、熟芝麻仁、香油各适量。

🥘 制作方法

1. 胡萝卜洗净切丝，青菜洗净切段。
2. 锅中放清水，下少许玉米面，小火煮20分钟，再放入胡萝卜丝、面条、青菜、盐、味精，面条煮熟后撒熟芝麻仁，淋上香油即可。

糊涂面

小提示

糊涂面
● 具有提供营养、强身健体、润泽皮肤、延缓衰老的功效。

油煎馄饨
● 具有润肠胃、生津液、补肾气、解热毒的功效。

🍖 原料

馄饨皮1300克，肉末800克，青菜1500克。

🍴 调料

味精10克，盐50克，白糖、料酒各25克，葱、姜末少许，葱花20克。

🥘 制作方法

1. 肉末中加盐、味精、料酒、白糖、葱、姜末、水拌匀；青菜下沸水烫一下，入冷水冷却，捞出沥干，切成末，挤干汁水，拌入肉末中成馅料。
2. 将馅料放入馄饨皮中包好。
3. 锅内加水烧沸，放入馄饨煮至浮起水面，稍等片刻即可捞起，用冷水冲冷，沥干水分，加少量油拌一下。
4. 将锅加油烧热，放入馄饨，煎至两面呈金黄色时取出，撒上葱花即成。

油煎馄饨

白萝卜羊肉蒸饺

🥘 原料

面粉350克，羊肉200克，白萝卜100克。

🍴 调料

葱末、酱油、花椒水、盐、味精、胡椒粉、香油各适量。

🍲 制作方法

1. 面粉加适量水搅拌均匀，揉成面团，饧发30分钟；白萝卜洗净，用刨丝刀擦成丝，切碎。
2. 羊肉剁成肉末，加酱油、花椒水、盐、味精、胡椒粉，拌匀，放入白萝卜、葱末、香油拌匀，制成饺子馅。
3. 将面团搓条，揪成面剂子，擀成饺子皮，包入饺子馅，做成蒸饺生坯，送入烧沸的蒸锅大火蒸熟即可。

猪肉韭菜水饺

🥘 原料

面粉350克，肥瘦猪肉丁200克，韭菜100克。

🍴 调料

盐、酱油、胡椒粉、姜末、花生油各适量。

🍲 制作方法

1. 猪肉剁成肉末，韭菜切成细蓉。
2. 将猪肉和韭菜装盘，加盐、酱油、胡椒粉、姜末、花生油拌匀备用。
3. 将面粉加水揉成面团，饧发30分钟，将面团搓条，揪成面剂子，擀成皮，包入馅。
4. 水烧开，把饺子放入锅里，水烧开后添点冷水，反复三次，把浮起来的饺子捞出即可。

> **小提示**
> 白萝卜羊肉蒸饺
> ● 具有化痰、清热、解毒的功效。
> 猪肉韭菜水饺
> ● 具有润肠胃、补肾气、解热毒的功效。

🥘 原料

面粉350克，韭菜150克，鸡蛋末100克，虾仁、水发海参、水发木耳各50克。

🍴 调料

盐、味精、香油各适量。

🥢 制作方法

1. 面粉加适量温水搅匀，揉成面团，饧发30分钟；韭菜、虾仁、水发木耳切末。
2. 虾仁、海参、鸡蛋、木耳、韭菜放入容器中，加入盐、味精和香油拌匀，制成饺子馅，待用。
3. 将面团搓条，揪成面剂子，擀成饺子皮，包入饺子馅，做成水饺生坯。
4. 锅置火上，加适量清水烧沸，下入水饺生坯煮熟，捞出装盘即可。

三鲜水饺

西红柿鸡蛋拌面

🥘 原料

面条500克，西红柿200克，鸡蛋50克。

🍴 调料

盐、大蒜、姜丝、胡椒粉、五香粉、鸡精、植物油各适量。

🥢 制作方法

1. 上锅烧水，水开后下入面条，煮熟为止。
2. 上锅热油，加入打散的鸡蛋液翻炒，装盘备用。
3. 锅中留底油，加入大蒜和姜丝爆香，加入西红柿翻炒片刻，加入鸡蛋翻搅，然后加入五香粉和盐，搅拌起来，最后加入适量的鸡精，即可捞出，浇在煮好的面条上，搅拌即可。

小提示

三鲜水饺
- 具有补肾壮阳、益肝健胃、增进食欲、增强消化的功效。

西红柿鸡蛋拌面
- 具有降脂降压、防止血栓的发生、健胃消食的功效。

原料

面条200克，肉丝、小油菜各50克。

传统炒面

调料

葱段、香葱、味精、老抽各适量。

制作方法

1 将面条放入开水，小煮一会，捞出用冷水冲。

2 锅中放油烧热，放入葱段、香葱、小油菜、肉丝翻炒，再放入味精、老抽调味，最后放入面继续翻炒均匀即可。

小提示

传统炒面
● 具有滋阴润燥、健脑益智、保护肝脏的功效。

手擀面
● 具有减肥、清热利尿、润肺止咳的功效。

原料

面粉500克，西葫芦200克，猪肉馅300克。

手擀面

调料

白糖、盐、料酒、甜面酱、葱花、植物油各适量。

制作方法

1 西葫芦洗净，切丝；猪肉馅加白糖、盐、料酒、甜面酱、葱花拌匀。

2 锅内倒入植物油烧热，放入猪肉馅炒匀，加适量清水制成卤；西葫芦放入油锅中煸炒一下备用。

3 面粉加水和好面，反复揉搓，然后在面板上擀成薄片，折叠起来，切成面条，下锅煮熟。将面条放在碗内，浇上肉酱卤和炒好的西葫芦即可。

🐷 原料

面条250克，猪瘦肉100克，水发木耳、水发黄花菜、圆白菜各25克。

🍴 调料

盐、酱油、香油、植物油各适量。

🥄 制作方法

1. 猪瘦肉、木耳、黄花菜、圆白菜切丁。
2. 锅置火上倒油烧热，下入猪瘦肉丁、木耳丁、黄花菜丁、圆白菜丁煸炒，加盐、酱油、香油调味，炒成臊子汁。
3. 将面条煮熟，盛入碗中，浇上臊子汁即可。

臊子面

小提示

臊子面
● 具有清热利尿、解毒消肿、止血除烦、宽胸膈、养血平肝的功效。
鸡丝凉面
● 具有强身健体、提高免疫力、促进智力发育的功效。

🐷 原料

面条200克，黄瓜、鸡胸肉各100克。

🍴 调料

生抽、盐、芝麻酱、辣椒酱、香油、葱段各适量。

🥄 制作方法

1. 鸡胸肉入锅，加入葱段，煮4分钟，关火，盖上锅盖焖8分钟；取出晾凉，顺着鸡肉纹理撕成鸡丝备用；黄瓜切丝；芝麻酱几勺，加生抽、盐、白开水解开，至舀起来呈液体流动状。
2. 将面条入开水锅煮开，点两次水，捞出过冷水，沥干水分，拌入香油，将面条、黄瓜丝、鸡丝放入盘里，浇上芝麻酱和辣椒酱即可。

鸡丝凉面

炸酱面

🍲 原料

切面200克，猪肉50克，黄瓜、芹菜各30克。

🍴 调料

葱花、姜末各5克，黄酱、八角、啤酒、白糖、香油、植物油各适量。

🍳 制作方法

1. 猪肉洗净切丁；黄瓜洗净切丝；芹菜洗净，焯水，切丁。
2. 锅置火上，放油烧热，下八角炸香，加葱花、姜末煸香，放入肉丁煸熟，倒入黄酱、啤酒长时间推炒，再放入白糖，淋香油制成炸酱。面煮熟，与炸酱及芹菜丁、黄瓜丝拌匀即可。

虾仁炒饭

🍲 原料

米饭250克，虾仁50克，豌豆、南瓜各30克。

🍴 调料

葱花、盐、胡椒粉、植物油各适量。

🍳 制作方法

1. 虾仁洗净，大的改刀成2段；豌豆洗净，浸泡3小时，煮熟；南瓜切丁。
2. 锅置火上，放油烧热，下葱花炒香，再下虾仁炒至变红，放米饭、豌豆、南瓜丁一起翻炒，等米饭炒透后放盐、胡椒粉，炒拌匀即可出锅。

小提示

炸酱面
● 具有平肝降压的功效。
虾仁炒饭
● 具有补肾壮阳、增强免疫力的功效。

🐷 原料

米饭500克，牛肉200克，青椒10克，黑木耳5克。

🍴 调料

葱花、蒜末、生抽、蚝油、孜然粉、辣椒粉、花椒粉、植物油、鸡精、盐各适量。

🍳 制作方法

① 黑木耳切碎，青椒切小块，牛肉入沸水中焯一下，去除血水。

② 油锅烧热，加入少许油，先下入蒜末，炸出蒜油、蒜香，再下入葱花、青椒块爆香，下入牛肉片翻炒，炒干水分，撒入孜然粉、辣椒粉、花椒粉，下入黑木耳碎，入米饭翻炒，调入生抽、蚝油翻炒，撒入适量盐、鸡精调味即可。

卤牛肉炒饭

葱油花卷

🐷 原料

面粉200克，玉米粉50克。

🍴 调料

酵母、芝麻、榨菜、盐、葱花、植物油各适量。

🍳 制作方法

① 面粉和玉米粉掺和，用融化的酵母水和匀，和好的面团盖上湿布放在温暖处发酵40分钟左右。

② 将面团擀成大面皮，抹一层油，撒上盐、葱花、芝麻、榨菜卷起，分成若干等份，2个叠放在一起，用手捏在两边的中间部位，向两边拉伸，然后向下弯去捏住即成花卷，上蒸锅蒸20分钟，等5分钟后再揭开锅盖即可。

小提示

卤牛肉炒饭
● 具有补中益气、健脾养胃、增加免疫力的功效。
葱油花卷
● 具有补肝肾、益精血、润肠燥的功效。

四喜蒸饺

🍲 原料

面粉、香菇、红柿子椒、黄柿子椒、黄瓜各适量。

🍴 调料

盐、味精、胡椒粉、芝麻油各适量。

🥄 制作方法

1. 面粉加入开水搅拌均匀，揉成面团搓长条，揪成面剂子，饧发，擀成饺子皮。
2. 香菇、红黄柿子椒、黄瓜均切粒；将所有小粒放入碗中，加胡椒粉、味精、盐和芝麻油拌匀，制成馅料。
3. 取饺子皮，逐一包入馅料，制成四喜饺子生坯。送入烧开的蒸锅蒸七分钟即可。

小提示

四喜蒸饺
● 具有延缓衰老、降血压、降血脂的功效。 ⬆

葱油饼
● 具有解热、祛痰、促消化的功效。 ⬇

葱油饼

🍲 原料

面粉200克，香葱50克。

🍴 调料

盐4克，葱段、姜片、香菜段、色拉油各适量。

🥄 制作方法

1. 将适量的葱段、姜片、香菜段、色拉油炸制成葱油；把面粉用水搅开，揉匀成面团，饧30分钟备用；香葱切成葱花备用。
2. 把饧好的面擀开成长条状，撒盐，刷上一层葱油，撒上一层葱花，从左向右折成面片，反复折叠，最后把边缘部分压在生坯底部，擀成饼，入饼铛烙熟即可。

原料

面粉1000克。

调料

盐10克，植物油适量。

制作方法

1. 面粉开个窝加入水、盐和成面团。
2. 面团用湿布盖严，饧40分钟。
3. 将面团擀成长方形薄片，上面抹一层植物油，对折一次，用刀切成细条，卷起来再拉长，再由两端同时卷起，将卷好的面团按压，擀成圆形的饼，放饼铛烙至两面金黄色，出锅后用手拍散，装盘即可。

手撕饼

小提示

手撕饼
● 具有养心益肾、健脾厚肠、除热止渴的功效。

猪肉馅饼
● 具有润肠胃、生津液、补肾气、解热毒的功效。

原料

面粉200克，猪肉100克。

调料

大葱、香油、盐、酱油、植物油各适量。

制作方法

1. 一斤面粉兑半斤左右温水和好，将肉剁碎，用切碎的葱和调料和成馅。
2. 把面做成剂，擀成片后包馅，再擀薄，上锅烙时，用刷子在饼的两面刷些油，烙熟即可。

猪肉馅饼

薄皮包子

🍲 原料

羊肉200克，面粉300克。

🥄 调料

洋葱、胡椒粉、盐各适量。

🍳 制作方法

1. 先将羊肉切成筷子头大的肉丁，再把洋葱剁碎，加胡椒粉、盐水拌匀成馅。
2. 在面粉中加凉水和成硬面，切成面剂子后擀成薄片，甩去面粉，包馅成鸡冠形，入笼屉用旺火蒸二十分钟即成。

油泼面

🍲 原料

宽面条200克，油菜80克。

🥄 调料

香葱、干辣椒末、盐、味精、生抽、老抽、植物油适量。

🍳 制作方法

1. 香葱切葱花。
2. 锅中的水烧开，放入面条和油菜煮滚，捞出放入碗中，加入盐、味精、生抽、老抽、干辣椒末、葱花，把油烧热至冒烟，往面上一泼，拌匀即可。

> **小提示**
>
> 薄皮包子
> ● 具有温补脾胃、补肝明目的功效。
> 油泼面
> ● 具有缓解压力的功效。

原料

玉米面300克，黄豆面100克，牛奶50克。

调料

糖适量。

制作方法

1. 准备玉米面、黄豆面，糖适量，放在容器内，倒入牛奶，搅拌成面絮状，和成面团搓成条状，切成小剂子，搓成小圆球，用手指在底部捏个洞，用手将顶部搓尖，搓圆滑即可。
2. 放进蒸锅蒸30分钟，蒸好的窝头焖5分钟即可。

玉米窝窝头

扁豆焖面

原料

干蒸面350克，五花肉片100克，四季豆250克。

调料

大蒜末25克，葱、姜、绍酒、酱油、胡椒粉、味精、植物油、蚝油各适量。

制作方法

1. 锅中放底油，先煸炒五花肉片，放入葱、姜炒香，下入四季豆煸炒，把四季豆炒至断生烹入绍酒、酱油炒匀，再倒入蚝油炒匀，注入清水下入面条，把面条摊平在四季豆上焖制5分钟，撒入胡椒粉、味精炒匀，用大火快速翻炒收净汤汁，撒上大蒜末炒匀即可。

小提示

玉米窝窝头
● 具有镇静安神、美容养颜、补充营养的功效。

扁豆焖面
● 具有增进食欲、养胃下气、利水消肿的功效。

Part 6 甜品篇

原料

绿豆100克。

调料

白糖、香油、蜂蜜、饴糖各适量。

制作方法

1. 绿豆洗净，浸泡4小时。
2. 锅内加适量清水，放入绿豆熬煮至熟，盛出绿豆，摊开晾干，脱去豆皮，碾成绿豆粉，将白糖掺入绿豆粉中拌匀，在拌匀的绿豆粉中间挖一坑，加入香油、蜂蜜和饴糖拌匀，倒入模具中按平，磕出即可。

绿豆糕

驴打滚

原料

糯米面300克、纯黄豆粉300克、豆沙馅100克。

调料

植物油适量。

制作方法

1. 糯米面用水调成稠糊，倒入刷过油的托盘内蒸5分钟。
2. 锅烧干，倒入黄豆粉，用木铲边搅动边铲，要用小火，炒成金黄色备用。
3. 糯米面蒸熟后取出，过一会儿放一层豆沙，从另一头卷起，成卷后放在炒好的黄豆面上滚一下，黄豆面滚匀后切段即可。

小提示

绿豆糕
● 具有清热解毒、降血脂的功效。
驴打滚
● 具有补中益气、健脾养胃、止虚汗的功效。

糯米芝麻球

🍲 原料

糯米粉、熟澄面各150克，糯米280克，芝麻50克，腊肠、海米、香菇各20克。

🍴 调料

白糖50克，油适量。

🥄 制作方法

1. 糯米粉加适量水揉成团，加入熟澄面、油拌匀，放入冰箱中冷藏12小时，将糯米团揉成长条，下剂子。

2. 糯米浸泡5小时，沥干，蒸1小时；腊肠、香菇切末；锅内倒油烧热，放入腊肠、香菇、海米爆香，放入白糖和糯米炒匀，盛出冷冻8小时，取出切丁制成馅料；糯米团擀皮，包入馅料，揉成团，滚上芝麻，炸至金黄即可。

小提示

糯米芝麻球
● 具有补中益气、健脾养胃、止虚汗的功效。

桂花糖藕糕
● 具有清热凉血、通便止泻、健脾开胃的功效。

桂花糖藕糕

🍲 原料

藕80克，红枣藕粉200克，澄粉100克。

🍴 调料

干桂花、细糖各适量。

🥄 制作方法

1. 藕粉和澄粉混合加入水充分搅拌均匀，藕去皮用工具搓成细丝。

2. 锅内放入水、糖、干桂花和藕丝一起煮开，转中小火，将藕粉和澄粉混合物慢慢倒入炒成糊状，取一容器，抹油，待盖上盖蒸锅上汽，再蒸15分钟左右，取出稍冷却，入冰箱冷藏切块即可。

原料

马蹄粉1000克，红豆500克。

调料

片糖800克。

制作方法

1. 红豆浸泡一小时，放入煲中煲至软而不烂，滤出红豆备用。
2. 水煮片糖，冷水将马蹄粉调成马蹄粉浆后，将半碗马蹄粉浆放入煮开的糖水中搅拌成马蹄粉糊。
3. 将马蹄粉糊倒入马蹄粉浆中混合成糊状，搅至半生熟，将红豆粒倒入拌匀，最后放入沸水中蒸半小时蒸熟，放凉切块即可食用。

红豆糕

小提示

红豆糕
● 具有消暑、解热毒、健胃的功效。

香芋卷
● 具有美容乌发、补中益气、增强免疫力的功效。

原料

馄饨皮200克，芋头350克，葡萄干50克。

调料

蜂蜜、植物油各适量。

制作方法

1. 芋头洗净，蒸熟，去皮，捣成泥，加入葡萄干拌匀，制成馅料。
2. 用馄饨皮包入芋头馅，包成圆卷形。
3. 锅置火上，倒入适量植物油，放入芋头卷炸至金黄，捞出，沥油，摆入盘内。淋上蜂蜜即可。

香芋卷

芝麻腰果

🍲 原料

腰果50克。

🍴 调料

白砂糖、麦芽糖、植物油、熟白芝麻各适量。

🍶 制作方法

1. 炒锅内放入植物油，倒入腰果，翻炒至焦糖色，晾凉。
2. 麦芽糖和白砂糖混合放在小锅中加热至溶化，加热成淡色的糖浆，下入腰果，让每颗腰果均裹上透明糖浆，趁腰果尚未冷却前，铺开放在耐热硅胶垫上洒上白芝麻，并用两支汤匙将腰果分开，冷却后，即可。

黑芝麻糊

🍲 原料

熟黑芝麻200克，核桃碎100克，小米50克。

🍴 调料

冰糖适量。

🍶 制作方法

1. 把熟黑芝麻放入滤网，用清水清洗干净，把小米淘洗干净。
2. 把熟黑芝麻、小米、核桃碎依次放入豆浆机，将水量加至最低水位线，按米糊键，喝之前根据自己的口味加入适量冰糖。

> **小提示**
>
> 芝麻腰果
> ● 具有养血护肤、滋补养生的功效。
> 黑芝麻糊
> ● 具有补肝肾、润肠燥的功效。

🍲 原料

老藕300克，干桂花50克。

🍴 调料

白糖100克。

🍳 制作方法

1. 将老藕切厚片，装入盘中放入蒸笼；蒸锅内放水后将蒸笼放入锅中。
2. 将干桂花、白糖、水调成桂花糖水；将糖水浇在藕片上，盖好蒸锅盖，蒸煮1小时后取出。
3. 另置一小锅，将蒸藕的糖水沥入锅中，小火慢慢熬至汤汁浓稠呈蜜汁状关火，浇到藕片上即可。

桂花蜜汁藕

琥珀核桃

🍲 原料

核桃仁500克。

🍴 调料

熟白芝麻、白糖、植物油各适量。

🍳 制作方法

1. 汤锅内加适量水烧开，放入核桃仁煮10分钟，捞出，沥干水分。
2. 炒锅放火上，倒入适量植物油烧至五成热，放入核桃仁炸至金黄，捞出，沥油。
3. 炒锅内留少许底油，烧热，放入白糖炒成糖汁，加核桃仁翻炒均匀，撒上熟芝麻，晾凉即可。

小提示

桂花蜜汁藕
● 具有强健胃黏膜、预防贫血、改善肠胃功能、止血的功效。
琥珀核桃
● 具有顺气补血、止咳化痰、润肺补肾的功效。

原料

核桃仁200克，白芝麻、糯米粉各50克。

调料

白糖、淀粉各适量。

制作方法

1. 核桃仁炒熟，碾碎；白芝麻挑去杂质，炒熟，碾碎；糯米粉加适量清水调成糯米糊。
2. 碾碎的芝麻和核桃仁倒入汤锅内，加适量水烧开，改为小火，用白糖调味，把糯米糊慢慢淋入锅内，用淀粉勾芡成浓稠状即可。

芝麻核桃露

小提示

芝麻核桃露
● 具有养血护肤、滋补养生、补肝益肾、润燥通便的功效。

椰香糯米糍
● 具有补中益气、健脾养胃、止虚汗的功效。

原料

糯米粉300克，面粉100克，豆沙馅200克，椰蓉50克。

调料

植物油、白糖、椰蓉各适量。

制作方法

1. 糯米粉、白糖加适量清水揉成表面光滑的面团，饧发20分钟。
2. 面粉用开水烫透，揉匀，加入糯米面团中，涂抹上植物油，揉成面团，搓条，切成剂子。
3. 将剂子按扁，包入豆沙馅，团成椭圆形，放入蒸锅内蒸熟，取出滚上椰蓉即可。

椰香糯米糍

原料

鸡蛋1个，鲜牛奶250毫升。

调料

白糖适量。

制作方法

1. 鸡蛋磕入碗内，打散，与牛奶和白糖拌匀，倒入烧烤专用杯中。
2. 烤箱预热至160℃，在烤盘上放上一碟水，再放入烤杯，中火烤15分钟，取出即可。

烤布丁

小提示

烤布丁
- 具有镇静安神、美容养颜的功效。

枣泥山药糕
- 具有健脾益胃、助消化、滋肾益精、降低血糖的功效。

原料

山药500克，红枣200克。

调料

白糖适量。

制作方法

1. 山药去皮切块，红枣用开水泡软后去核。将山药及红枣隔水蒸熟。
2. 山药加糖水捣成泥状，红枣切碎剁成枣泥。
3. 取一个心型模具，底下填一层山药泥，中间枣泥，然后上面再铺一层山药泥脱模即可。

枣泥山药糕

桂花绿豆糕

🍲 原料

绿豆粉1500克。

🍴 调料

白砂糖150克，糖桂花、桂花酱各50克。

🍳 制作方法

1. 将绿豆粉、白糖、糖桂花一起装盘，加适量清水混合拌匀。
2. 在笼屉内衬两层纸，然后放进搓好的绿豆粉铺开，上面再盖上一层纸略加按实，用旺火蒸约30分钟取出晾冷，切块，抹上桂花酱即成。

糖水糍粑

🍲 原料

糍粑300克。

🍴 调料

油、红糖各适量。

🍳 制作方法

1. 油烧热，放进糍粑煎，晃动锅子，让糍粑在锅底滑动，受热均匀，一面煎黄，翻面继续煎。
2. 调红糖水备用；将红糖水浇到糍粑上，小火收汁，即可出锅。

> **小提示**
>
> **桂花绿豆糕**
> ● 具有清热解毒、保护肾脏的功效。
> **糖水糍粑**
> ● 具有益气补血、健脾暖胃的功效。

🦀 原料

去核红枣15克，鸡蛋40克，葡式蛋挞皮200克，牛奶150克。

🍴 调料

白糖50克，柠檬皮适量。

🔨 制作方法

1. 红枣、白糖放入锅里，倒入水，放入柠檬皮大火煮开，关火，晾凉。
2. 容器中打入鸡蛋，再加入白糖、牛奶混合，搅拌均匀。
3. 红枣晾凉后取出，稍微挤掉水分，均匀地放入蛋挞皮底，倒入蛋挞水，烤箱200度预热中层，烤25分钟即可。

红枣蛋挞

飘香玉米烙

🦀 原料

罐装玉米粒一罐，进口干生粉约30克。

🍴 调料

油适量。

🔨 制作方法

1. 打开罐头，倒出玉米粒，沥干水分。用生粉拌匀。
2. 锅烧热，倒出热油，玉米用手搪平。
3. 锅放在火上，加少许热油，并用手轻轻抖动并转动锅，使玉米饼凝固不粘锅，再倒入热油，煎6分钟，倒出油，切片装盘即可。

小提示

红枣蛋挞
● 具有保肝护肝、降血压、降胆固醇的功效。
飘香玉米烙
● 具有增加记忆力、抗衰老的功效。

南瓜饼

🥘 原料

南瓜500克，小麦面粉300克，面包屑150克。

🍴 调料

白糖150克，色拉油120克。

🔪 制作方法

1. 南瓜去皮，去心、去籽，切成片状，放在笼内蒸熟。
2. 然后压干水分，加入白糖、面粉和匀，成圆饼形。
3. 滚上面包屑，放入油锅内炸制，待熟呈金黄色即可。

小提示

南瓜饼
● 具有补中益气、消炎止痛、降血糖的功效。

油炸麻团
● 具有补中益气、健脾养胃、止虚汗的功效。

油炸麻团

🥘 原料

糯米面900克，发酵糯米面、豆馅各300克。

🍴 调料

糖腌桂花、红糖、饴糖、花生油、小苏打、芝麻仁适量。

🔪 制作方法

1. 将糯米面与发酵糯米面放盆内，加入热水约450克、红糖、饴糖、糖腌桂花、小苏打，拌匀，调成粉团。
2. 将粉团分成大块，再搓条，揪剂子，按扁，包入豆馅捏圆，粘匀芝麻仁即可。
3. 将锅内的油烧热，然后放入麻团生坯，炸至外壳发挺发硬，离火降温炸，不断翻动，炸至外壳硬脆，色泛金黄即可。

🍲 原料

面粉300克，猪肉、韭菜各200克。

🍴 调料

生抽、姜末、盐、蒜蓉、酱油、花生油各适量。

🥄 制作方法

① 一半用热水和面，一半用凉水和面，冷热面团中和，用湿布盖住饧发15分钟。

② 韭菜、猪肉、姜末、酱油、生抽、盐、蒜蓉混合。

③ 将面团擀成皮，像包饺子一样上面粘住，两头不捏死。

④ 锅里倒油，开小火煎锅贴，锅贴两面煎黄即可。

金牌锅贴

小提示

金牌锅贴
● 具有养心益肾、健脾厚肠、除热止渴的功效。

榴莲酥
● 具有强身健体、健脾补气、补肾壮阳、开胃促消化的功效。

🍲 原料

千层酥皮500克，榴莲120克，蛋黄液适量。

🍴 调料

白砂糖20克，玉米淀粉10克。

🥄 制作方法

① 把千层酥皮擀成薄片，用咖啡杯子压成饺子皮大小。

② 将榴莲、白砂糖、玉米淀粉搅拌均匀，成榴莲馅，静置10分钟，把榴莲馅放在酥皮上，再用包饺子器包好。

③ 把包好的榴莲酥生坯放在烤盘上，静置10分钟，刷上蛋黄液，烤箱150度，预热5分钟，把烤盘放入烤箱中层，上下火160度，烤20分钟。

榴莲酥

炸馒头片

🥘 原料

馒头200克。

🍴 调料

油、椒盐各适量。

🍲 制作方法

① 将馒头切片。

② 锅中放油，油热后下入馒头片，一面金黄后翻面炸另一面，沥干油，装盘，撒少许椒盐即可。

脆皮年糕

🥘 原料

年糕300克，云吞皮150克，鸡蛋100克。

🍴 调料

植物油适量。

🍲 制作方法

① 年糕切成方块薄片，用云吞皮包好，放入鸡蛋液中，让蛋液裹匀。

② 锅内倒入植物油，待油烧热，放入年糕块转小火慢炸，炸至淡黄色时捞起，待放凉后再炸一次，炸至云吞皮鼓起成金黄色即可。

> **小提示**
>
> 炸馒头片
> ● 具有养心益肾、除热止渴的功效。
> 脆皮年糕
> ● 具有滋阴润燥、健脑益智的功效。

原料

地瓜500克。

调料

白糖150克，香油30克，花生油1000克。

制作方法

1. 地瓜去皮，切块待用。
2. 锅内倒油，烧至八成热倒入地瓜，炸至酥脆、色泽金黄时捞出。
3. 锅内放少量清水，加白糖，淋入几滴香油，炒至浅黄色，能拔出丝来时放入炸好的地瓜，翻炒挂匀糖浆即可。

拔丝地瓜

一品蛋酥

原料

鸡蛋250克。

调料

白糖50克，白芝麻20克，朱古力针5克，吉士粉10克，生粉40克。

制作方法

1. 鸡蛋打散，加入白糖、生粉、吉士粉搅匀备用。
2. 将鸡蛋倒入七成热油锅内，炸至金黄色捞起，控干油。
3. 在模具内撒上芝麻、朱古力针，将鸡蛋倒入模具内，上面再撒上芝麻、朱古力针，用重物紧压2小时；取出后改刀成长条，装盘即可。

小提示

拔丝地瓜
- 具有通便减肥、抗衰老、提高免疫力的功效。

一品蛋酥
- 具有健脑益智、保护肝脏、延缓衰老的功效。

###
羊肉炕馍

原料

面粉200克，羊肉末100克。

调料

葱末、盐、孜然、羊油各适量。

制作方法

1. 先用大锅将水烧开；和面，分成小块擀成薄饼，水开后，把薄饼分次放到锅里蒸。

2. 拿一个饼把羊肉末、葱末、盐、孜然均匀撒到饼上，然后再拿一个饼盖在上面；平底锅放火上倒油，油热把做好的饼方里面烙，两面都烙黄焦，往中间一叠即可。

小提示

羊肉炕馍
● 具有温补脾胃、补血温经、补肝明目的功效。

玉米饼
● 具有补中益气、健脾养胃、止虚汗的功效。

###
玉米饼

原料

玉米面200克，糯米粉、玉米粒、葡萄干、鸡蛋、牛奶各适量。

调料

花生酱、牛油各适量。

制作方法

1. 用热水将玉米面调开，加入糯米粉拌匀。鸡蛋加牛奶拌匀，倒入玉米面中，搅拌成可以流动的面糊备用。

2. 锅中倒油烧热，将玉米糊倒入锅中煎至一面焦黄，抹上花生酱，出锅撒入玉米粒、葡萄干即可。

原料

低筋面粉100克，韭菜、鸡蛋各50克。

调料

盐、油、牛奶各适量。

制作方法

1. 面粉加入牛奶搅拌，揉成面团备用，韭菜切末，把鸡蛋打在韭菜里加盐、油搅拌均匀。
2. 将面团擀成两片圆面皮，将一片面皮平铺在碟子里，倒入韭菜蛋液，盖上另一片面片，把边捏紧实，锅烧热后加少许油，将做好的面饼轻轻放入锅中，小火煎至两面金黄即可。

鸡蛋灌饼

小提示

鸡蛋灌饼
- 具有益肝健胃、润肠通便、健脑益智、保护肝脏的功效。

脆皮香蕉
- 具有润肠道、降血压、保护胃黏膜的功效。

原料

香蕉100克，面粉200克，鸡蛋1个。

调料

油适量。

制作方法

1. 面粉放入碗里，打入鸡蛋，加入少量清水，搅拌成黏稠的面糊。
2. 香蕉剥皮，切成段，把香蕉段放入面糊里，裹上一层面糊。
3. 锅里放油烧热，转小火，放入包裹好面糊的香蕉段，煎至两面金黄即可。

脆皮香蕉

干炸丸子

🦪 原料

猪瘦肉、鸡蛋各200克，猪肉肥50克。

🍴 调料

大葱末、姜末、料酒、植物油、水淀粉、盐、花椒、酱油、黄酱各适量。

🥄 制作方法

1. 猪肉切末，加入葱末、姜末、料酒、鸡蛋液、盐、酱油、黄酱、水淀粉拌匀。花椒稍炒擀末，制成椒盐。
2. 锅放油烧热，将肉馅挤成个头均匀的小丸子，入锅炸至金黄色捞出，用勺将丸子拍松，再入锅炸，反复炸几次，至焦脆捞出装盘，撒上椒盐即可。

土豆丝饼

🦪 原料

土豆200克，面粉50克，鸡蛋1个。

🍴 调料

盐、油适量。

🥄 制作方法

1. 土豆去皮刨丝，将鸡蛋打入土豆丝中，放面粉、适量的清水、盐拌匀。
2. 起油锅，放调制好的土豆丝料，煎至两面金黄即可。

> **小提示**
>
> 干炸丸子
> ● 具有补肾气、解热毒、润燥的功效。
> 土豆丝饼
> ● 具有和中养胃、健脾利湿的功效。